Verlag von Julius Springer in Berlin N.

Beobachtungen und Versuche

betreffend die

Reblaus, Phylloxera vastatrix Pl.

und deren Bekämpfung.

Von

Dr. J. Moritz,
Regierungsrath und Mitglied des Kaiserlichen Gesundheitsamtes.

Mit 3 Tafeln in Lichtdruck und in den Text gedruckten Abbildungen.

Preis M. 4,—.

Die vorstehende Schrift wird nicht nur dem Sachverständigen in Reblausangelegenheiten wegen der zahlreichen und höchst werthvollen Beobachtungsergebnisse über das morphologische und biologische Verhalten der Reblaus unentbehrlich sein, sondern auch der Weinbauer wird aus den Mittheilungen über die Wirkungsweise der verschiedenen Desinfektionsmittel und den gegebenen zuverlässigen Aufschlüssen über die Lebens- und Entwicklungsweise der Reblaus im deutschen Weingebiete praktischen Nutzen ziehen.

Zu beziehen durch jede Buchhandlung.

Die

Desinfektion von Setzreben

vermittelst Schwefelkohlenstoff

zum Zwecke der Verhütung einer Verschleppung der Reblaus
(Phylloxera vastatrix Pl.)

Von

Dr. J. Moritz, und **C. Ritter,**
Regierungsrath   Königl. Garteninspektor
Mitglied des Kaiserlichen Gesundheits-   und Oberleiter der rechtsrheinischen
amtes.   Reblausbekämpfungsarbeiten.

Mit zwei Figuren im Text.

Springer-Verlag Berlin Heidelberg GmbH 1894

ISBN 978-3-662-32443-1   ISBN 978-3-662-33270-2 (eBook)
DOI 10.1007/978-3-662-33270-2

Die Versendung von Setzreben (Wurzel- und auch Blindreben) schliesst im Hinblick auf die Verbreitung der Reblaus (Phyll. vast. Pl.) unzweifelhaft eine grosse Gefahr in sich. In dieser Beziehung ist das Geschick der im Jahre 1881 von der italienischen Regierung auf der Insel Monte-Christo angelegten Rebschule für amerikanische Reben sehr lehrreich. Es wurden um die genannte Zeit 150 000 einjährige Schnittreben verschiedener amerikanischer Sorten aus Frankreich eingeführt und vorläufig auf der erwähnten Insel angepflanzt, um später, falls sie reblausfrei blieben, auf andern Inseln und auch auf das Festland übergeführt zu werden. Im Jahre 1882 sollte dieser Rebschule eine grössere Ausdehnung gegeben und dieselbe zu diesem Zwecke nach der Insel Pianosa verlegt werden. Bevor dieser Plan zur Ausführung kam, wurden die betreffenden Reben auf Anordnung der Regierung einer Untersuchung unterzogen, welche die Anwesenheit der Reblaus ergab. In Folge dessen wurde die werthvolle Rebenanlage wieder zerstört.[1]

In einem anderen Falle waren Schnittlinge von amerikanischen Reben an einen falschen Bestimmungsort gelangt und aus diesem Grunde während dreier Monate in einer Kiste verpackt geblieben. Als die Letztere nach Verlauf dieser Zeit geöffnet wurde, fanden sich die inzwischen gebildeten Würzelchen dieser Schnittreben bedeckt mit zahlreichen eierlegenden und jungen Rebläusen.[2]

Diese Beispiele zeigen schon deutlich genug, wie wichtig es wäre, ein Verfahren zu besitzen, welches ermöglichen würde, die Reben

---

[1] Compte rendu des travaux du service du phylloxera. Année 1882. Paris. Imprimerie nationale. 1883. p. 523.

[2] Emploi du sulfure de carbone contre le phylloxéra. Par G. Gastine & Georges Couanon. Paris, G. Masson und Bordeaux, Feret & Fils. 1884. p. 27.
— Nach einem im Jahre 1881 erstatteten Berichte von G. Horvath an den ungarischen Ackerbauminister.

von etwa vorhandenen Rebläusen und deren Eiern zu befreien, ohne gleichzeitig die Reben selbst zu schädigen.

In dem bereits 1872 durch den Baron Thénard zum Zwecke der Reblausbekämpfung vorgeschlagenen Schwefelkohlenstoff hat man ein Mittel, welches, in geeigneter Weise angewendet, die Rebläuse sicher tödtet,[1]) aber unter Umständen auch die Reben selbst in mehr oder weniger hohem Grade schädigt. Bevor man daher den Schwefelkohlenstoff zur Desinfektion von Schnittreben empfehlen kann, muss festgestellt werden, in welcher Menge dieses Mittel angewandt werden und wie lange die Einwirkung desselben dauern darf, ohne dass die Reben selbst darunter zu leiden haben, während doch etwa vorhandene Rebläuse und deren Eier dabei sicher der Vernichtung anheimfallen. Die Prüfung dieser Frage wurde von höherer Stelle den Verfassern übertragen. Im Nachfolgenden soll über die zu diesem Zwecke angestellten Versuche, sowie über die Ergebnisse derselben Bericht erstattet werden.

Zunächst sei vorausgeschickt, dass die Frage der Desinfektion von Schnittreben in anderen Ländern mehrfach zur Anstellung von entsprechenden Versuchen geführt hat.

Bereits im Jahre 1876 untersuchte Balbiani[2]) das Verhalten der Reblauseier gegen verschiedene Desinfektionsmittel. Er fand, dass die Ersteren in Lösungen, welche $1/10$ und $1/100$ flüssiges Kaliumsulfokarbonat von 38° B. enthielten, nach 24 Stunden sämmtlich getödtet waren. In einer Lösung von $1/500$ des genannten Kaliumsulfokarbonats gelangten mehrere Eier zum Ausschlüpfen, doch starben die jungen Rebläuse, sobald sie mit der Flüssigkeit in Berührung kamen. Eine Lösung zu $1/1000$ wirkte weniger heftig, indem alle eingebrachten Eier zum Ausschlüpfen gelangten. Aber auch in diesem Falle gingen alle

---

[1]) Nach einer Mittheilung der „Commission départementale pour l'étude du phylloxéra" des Departements „Charente-Inférieure" geht die Reblaus in einer Atmosphäre, welche 1:600 000 Schwefelkohlenstoff enthält, zu Grunde. Vergl. Le phylloxéra. Comités d'études et de vigilance. Rapports et documents. I. Année 1877. Paris, G. Masson. p. 32.

[2]) Recherches sur la structure et sur la vitalité des oeufs du Phylloxera par Balbiani. Comptes rendus de l'académie des sciences. 1876. 2. Sem. T. 83. p. 954—959; 1020—1026 und 1160—1166.

dabei erhaltenen jungen Rebläuse zu Grunde. Eine Lösung zu $^1/_{10000}$ schädigte die Reblauseier nicht mehr. — Schwefelkohlenstoff wurde als Flüssigkeit, als Dampf und als wässerige Lösung in Anwendung gebracht. Flüssiger Schwefelkohlenstoff bewirkte nach viertelstündiger Einwirkung eine bemerkenswerthe innere Zerstörung der Eier. Es fand ein Zusammenfliessen der Fettkügelchen zu grösseren Tropfen und selbst zu einer einzigen gelben Flüssigkeitsmasse statt, welche beim Zerdrücken der Eier aus denselben austrat. In einer mit Schwefelkohlenstoff gesättigten Atmosphäre zeigten die Eier, nach langem Verweilen, eine eigenartige Veränderung, indem alle in ihnen enthaltenen Fettkörper unter der Eihülle oder selbst an deren Oberfläche sich angesammelt fanden[1]). Auch eine wässerige Lösung von Schwefelkohlenstoff tödtete die Reblauseier; nach 48 stündigem Verweilen in derselben nahmen dieselben eine bräunliche Farbe an.

Ferner führte Balbiani Versuche mit verschiedenen empyreumatischen Stoffen aus und prüfte schliesslich auch die Wirkung auf Temperaturen von 45° C. bis 50° C. erwärmten Wassers.

Im Jahre 1880 untersuchten Pedicino und Koenig verschiedene Mittel zu dem genannten Zwecke. Sie verwarfen auf Grund ihrer Versuche den Schwefelkohlenstoff und die von Fatio empfohlene schweflige Säure und empfahlen die Anwendung der Blausäure[2]).

Endlich wurden in Frankreich Versuche zur Desinfektion für den Versandt bestimmter Schnittreben auch mit Lösungen von Kupfervitriol und Grünspan angestellt[3]).

Alle diese Versuche haben zwar zu schätzbaren Ergebnissen, jedoch nicht zur endgültigen allgemeinen Annahme eines bestimmten Desinfektionsverfahrens geführt, wohl aus dem Grunde, weil sie hauptsächlich die Wirkung der betreffenden Mittel auf die Insekten ins Auge fassten, ohne dabei gleichzeitig die Ausführung eines entsprechenden Verfahrens im Grossen zu prüfen.

Diese Lücke glauben wir durch die nachstehend mitgetheilten Versuche ausgefüllt zu haben.

---

[1]) Vergl. weiter unten.
[2]) Commission supérieure du phylloxera. Session de 1880. Compte rendu et pièces annexes. Paris 1881. Imprimerie nationale. p. 51.
[3]) P. Viala, Les maladies de la vigne. Paris 1893. p. 523.

I.

Versuche über die Einwirkung des Schwefelkohlenstoffs auf die verschiedenen Entwickelungsformen der Reblaus, insbesondere auf deren Eier. Von J. Moritz.

Diese Versuche bezweckten, wie bereits angedeutet, einen Beitrag zur Lösung der Frage zu liefern, ob es möglich ist, in für die grosse Praxis geeigneter Art, das Rebensetzholz durch geeignete Behandlung mit Schwefelkohlenstoffdampf derart zu desinficiren, dass etwa an demselben vorhandene Rebläuse, beziehungsweise deren Eier sicher getödtet werden, ohne dass dabei die Vegetationsfähigkeit des Setzholzes selbst Noth leidet.

Zur Entscheidung dieser Frage erschien es nothwendig, Folgendes zu ermitteln:

1. Welcher Zeit bedarf es, damit alle Rebläuse beziehungsweise die verschieden weit entwickelten Eier derselben durch Schwefelkohlenstoff getödtet werden?

2. Welchen Einfluss übt eine, unter auch im Uebrigen gleichen Verhältnissen stattfindende, gleich lange Behandlung der Rebensetzlinge mit Schwefelkohlenstoff auf deren Vegetationsfähigkeit aus?

Letztere Frage wird in Kapitel II erörtert werden. Zunächst wird es unsere Aufgabe sein, die zur Beantwortung der Frage I in Angriff genommenen Versuche zu besprechen.

Es war in erster Linie die Vorfrage zu entscheiden, wie für den vorliegenden Zweck am besten ermittelt werden könne, ob die Reblauseier wirklich getödtet worden oder nicht?

Auf den ersten Blick erscheint es wohl am nächstliegenden, diesen Nachweis in der Weise zu führen, dass man beobachtet, ob nach stattgehabter Einwirkung des Schwefelkohlenstoffs noch eine Weiterentwickelung der Eier bis zum Ausschlüpfen des Insektes stattfindet. Bei näherer Betrachtung zeigt sich jedoch, dass für den vorliegenden Zweck einem solchen Verfahren so erhebliche Bedenken entgegenstehen, dass es geradezu unausführbar erscheint.

Die vorkommenden Falls vorzunehmende Desinfektion von Setzreben soll in dem, weiter unten näher zu erörternden, sogenannten

Schwefelkohlenstoffkasten geschehen, und die zu desinficirenden Reben gelangen von Erde entblösst in diesen Kasten.

Um möglichst gleichartige Verhältnisse zu schaffen, müssen auch die zu dem Versuche dienenden, reblausbehafteten Wurzeln, von Erde befreit, in den Kasten gethan werden. Soll nach stattgehabter Einwirkung des Schwefelkohlenstoffs die Weiterentwickelung der Eier beobachtet werden, so müssen die betreffenden Wurzeln entweder wieder mit Erde umgeben, oder in einem feuchten Raume untergebracht werden, um den natürlichen möglichst gleichartige Verhältnisse zu schaffen. Verfährt man in der erstgenannten Weise, so steht zu befürchten, dass bei dem wiederholten Herausnehmen der Wurzeln aus der Erde und Wiedereinbringen derselben in die Erde, ein nicht unerheblicher Theil der Eier abgestreift wird und verloren geht. Diese Gefahr ist um so grösser, als eine öftere Vornahme der genannten Manipulation unvermeidlich ist, weil das Aufbrechen der Eier in Folge ihres verschiedenen Alters zu verschiedenen Zeiten erfolgt. Man wird demnach bei diesem Verfahren nie sicher sein, ob nicht vielleicht doch Eier am Leben geblieben sind, selbst wenn man ein Aufbrechen der noch an den Wurzeln haftenden nicht beobachten konnte.

Bewahrt man aber die Wurzeln, von Erde befreit, in einem mässig feuchten Raume auf, so gelangen leicht Schimmelpilze zur Entwickelung, welche die Ausführung des Versuches vereiteln. — In allen Fällen ist hinderlich, dass das Aufbrechen der Eier, je nach der Ablagezeit, erst nach einer mehr oder minder grossen Zahl von Tagen erfolgt und, dass man nicht im Voraus wissen kann, wann ein Aufbrechen derselben stattfinden wird. Das zum Ausschlüpfen gelangte Insekt begiebt sich aber nicht selten auf die Wanderschaft, wobei die Wurzel verlassen werden kann, so dass sich der Vorgang überhaupt der Beobachtung entzieht.

Aus den angeführten Gründen erschien es nothwendig, einen anderen Weg einzuschlagen behufs Feststellung, ob die Reblauseier sich am Leben befanden oder nicht.

Schon frühere Beobachtungen[1]) hatten dem Einen von uns (Mtz)

---

[1]) Moritz, Bei Gelegenheit der Phylloxera-Vernichtungsarbeiten an der Ahr gesammelte Erfahrungen. Verlag von Fischer & Metz, Rüdesheim a. Rh. 1882. S. 12.

gezeigt, dass nach dem Absterben der Rebläuse sowohl wie auch der Reblauseier, der Körperinhalt eine mehr oder weniger geronnene Beschaffenheit annimmt, so dass, im Gegensatze zu lebenden Objekten, ein Ausströmen des Körperinhaltes in die umgebende Flüssigkeit nicht beobachtet werden kann, wenn man das betreffende Objekt in einem Wassertropfen durch Druck unter dem Deckglas zum Zerreissen bringt.

Obschon diese Erscheinung, namentlich bei den Rebläusen selbst, durch eine grosse Zahl früherer Beobachtungen stets bestätigt gefunden worden war, erschien es doch zur Vermeidung von Irrthümern erwünscht, das diesbezügliche Verhalten, besonders der Reblauseier, durch einige Versuche nochmals zu prüfen. Zu diesem Zwecke wurde in folgender Weise verfahren:

In ein mit eingeschliffenem Stöpsel versehenes cylindrisches Glas wurde auf den Boden eine ziemlich starke Lage von Filtrirpapier gebracht, um für den Sckwefelkohlenstoff eine möglichst grosse Verdunstungsoberfläche zu schaffen. Nachdem das Papier mit Schwefelkohlenstoff vollkommen durchfeuchtet war, wurden die inficirten, reichlich mit Reblauseiern verschiedener Entwickelungsstadien besetzten Wurzeln in das Glas gegeben, worauf letzteres durch Aufsetzen des Stöpsels verschlossen wurde.

Versuch 1. Eine mit zahlreichen Reblauseiern in verschiedenen Altersstadien behaftete Wurzel wurde um 8 Uhr 20 Minuten in das beschriebene Glas gebracht und unter Verschluss bis 10 Uhr 40 Minuten in dem Glase gelassen. Es durfte wohl angenommen werden, dass unter den obwaltenden Verhältnissen in der mit Schwefelkohlenstoffdampf gesättigten Atmosphäre innerhalb der angegebenen Zeit alles Leben getödtet werden würde. Die Untersuchung der Eier nach stattgehabter Einwirkung des Schwefelkohlenstoffs ergab Folgendes:

Aeusserlich mit der Lupe oder bei schwacher mikroskopischer Vergrösserung betrachtet, zeigten die Eier eine in die Augen fallende Veränderung nicht. Dieselben wurden auf dem Objektträger in einen Wassertropfen gebracht, mit einem Deckglas bedeckt und durch Druck auf letzteres zum Zerreissen gebracht. Bei einigen Eiern wurde durch dieses Verfahren ein Theil des Inhaltes in die Umgebung entleert; die herausgestossene Masse zeigte eine kompakte geronnene Konsistenz und erschien mit verhältnissmässig grossen Fetttropfen durchsetzt. Bei anderen Eiern erwies sich der Inhalt vollkommen coagulirt und so stark zusammenhängend, dass er nur durch verhältnissmässig bedeutenden Druck zum Zerreissen und theilweisen Austreten gebracht werden konnte. In allen Fällen machte dies Austreten nicht den Eindruck des Ausströmens, sondern erinnerte an die Art und Weise, wie Stoffe von schmalzartiger Konsistenz unter Druck sich auszubreiten pflegen.

Versuch 2 wurde in derselben Weise, wie Versuch 1 mit dem Unterschiede ausgeführt, dass die betreffenden Objekte von 8 Uhr 28 Minuten bis 11 Uhr 20 Minuten der Einwirkung des Schwefelkohlenstoffs ausgesetzt blieben. Das Ergebniss entsprach vollkommen den unter Versuch 1 beobachteten Erscheinungen.

Versuch 3. Die betreffenden Objekte wurden um 8 Uhr 39 Minuten in die Schwefelkohlenstoffatmosphäre gebracht und bis 3 Uhr in derselben gelassen. Die darauf folgende Prüfung der Eier der verschiedensten Entwickelungsstufen ergab, dass der Inhalt derselben ausnahmslos dermassen coagulirt und in sich zusammenhängend war, dass bei schwächerem Drucke überhaupt ein Austreten desselben nicht bewirkt werden konnte, während bei stärkerem Drucke eine Zertheilung des gesammten Einhaltes in unter sich zusammenhängende Fetzen stattfand.

Es sei noch bemerkt, dass bei jedem der angeführten Versuche eine grössere Anzahl von Eiern zur Beobachtung gelangten.

Versuch 4. Eine grössere Menge vergleichsweise unmittelbar den Wurzeln entnommener, sicher lebender Eier, welche ebenfalls verschiedenen Entwickelungsstufen angehörten, wurden in gleicher Weise, wie oben beschrieben, auf ihr Verhalten geprüft. Dieselben zeigten in allen Fällen, entsprechend früheren Beobachtungen, ein von dem oben beschriebenen, wesentlich abweichendes Verhalten.

Wurde nämlich durch Druck auf das Deckglas die Eihülle zum Zerreissen gebracht, so trat sofort der grösste Theil des Eiinhaltes aus. In der Regel liess sich noch eine Zeit lang ein Nachströmen von Inhaltsmasse in den umgebenden Wassertropfen beobachten. In allen Fällen zeigte aber der aus dem lebenden Ei ausgetretene Inhalt die oben erwähnte geronnene, in sich zusammenhängende Beschaffenheit nicht, sondern bestand aus einer, je nach dem Entwickelungszustand mehr oder minder flüssigen Masse, in welcher sehr zahlreiche Fetttröpfchen in äusserst feiner Vertheilung sich befanden.

Das Auftreten vereinzelter, verhältnissmässig grosser Fetttropfen konnte bei den lebenden Eiern nicht beobachtet werden. Sie treten bei den getödteten Eiern vielleicht in Folge davon auf, dass durch das Gerinnen der eiweisshaltigen Grundsubstanz ein theilweises Austreten und Zusammenfliessen der sonst in derselben in äusserst feiner Vertheilung befindlichen Fetttröpfchen stattfindet.

Die besprochenen Unterschiede in dem Verhalten lebender und todter Reblauseier erschienen hinreichend, um bei den späteren Versuchen zur Unterscheidung lebender und todter Eier dienen zu können. Um möglichst sicher zu gehen, wurden ausserdem noch von Zeit zu Zeit Kontrolproben mit lebenden Eiern angestellt.

Zur Ausführung der folgenden Versuche über die Einwirkung des Schwefelkohlenstoffs auf die verschiedenen Entwickelungsstadien der Reblaus und namentlich der Reblauseier diente ein hölzerner, innen mit Zinkblech ausgekleideter Kasten, dessen Einrichtung aus der Fig. 1 ersichtlich ist.

Fig. 1.

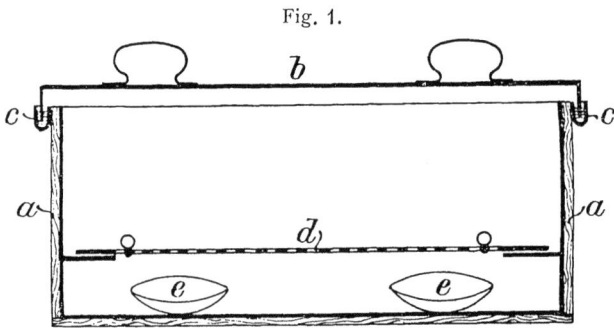

a. Innen mit Zinkblech ausgekleideter Holzkasten. — *b.* Deckel. — *c.* An dem oberen Rande des Kastens befindliche, mit Wasser gefüllte Rinne zur Aufnahme des Deckels. — *d.* Durchlöcherter, zur Aufnahme der zu desinficirenden Gegenstände dienender, herausnehmbarer Blecheinsatz. — *e e.* Flache Porzellanschalen zur Aufnahme des Schwefelkohlenstoffs.

Die Versuche wurden in der Zeit vom 17. August bis 1. September 1891 und vom 15. bis 29. August 1892 ausgeführt.

Versuch 1. Um 10 Uhr 30 Minuten wurden inficirte Rebwurzeln auf einer Unterlage von Papier in den Desinfektionskasten gebracht und bis 10 Uhr 35 Minuten in demselben belassen. Die Temperatur im Kasten betrug 20° C.

Ergebniss: Von den beobachteten, in der zuvor beschriebenen Art geprüften, 17 Eiern erwiesen sich 15 als noch lebend, während 2 Eier getödtet erschienen. Ferner wurden beobachtet eine zwischen der zweiten und dritten Häutung und zwei zwischen der ersten und zweiten Häutung stehende Rebläuse, welche sämmtlich getödtet waren. Es fanden sich aber auch eine ausgewachsene, sowie eine zwischen der zweiten und dritten Häutung stehende Laus lebend vor.

Versuch 2. Beschickung des Kastens mit inficirten Wurzeln um 11 Uhr 45 Minuten. Die Wurzeln wurden um 2 Uhr 38 Minuten Nachmittags wieder aus dem Kasten herausgenommen. Um diese Zeit betrug die Temperatur im Kasten 22,5° C.

Ergebniss: Drei noch junge hellgelbe Eier, sowie ein älteres Ei mit bereits deutlich erkennbarem Embryo todt. 6 junge Rebläuse (erste Häutung), sowie 3 ausgewachsene Läuse sämmtlich todt.

Versuch 3. Die Beschickung des Kastens erfolgte um 9 Uhr 37 Minuten. Die Wurzeln wurden wieder herausgenommen um 9 Uhr 57 Minuten. Die Temperatur im Kasten betrug um diese Zeit 20,5° C.

Ergebniss: 23 Eier der verschiedensten Entwickelungsstadien, vom ganz frisch gelegten bis zum Ei mit deutlich entwickeltem Embryo, sämmtlich todt. Desgleichen zwei ganz junge Rebläuse todt. Dagegen fanden sich 3 ausgewachsene Rebläuse, sowie eine zwischen der ersten und zweiten Häutung stehende Laus, von welchen es zweifelhaft erschien, ob sie getödtet waren oder nicht.

Versuch 4. Die inficirten Wurzeln wurden um 4 Uhr Nachmittags desselben Tages in den Kasten gebracht und in demselben bis 4 Uhr 15 Minuten belassen. Bei der Herausnahme der Wurzeln betrug die Temperatur im Kasten 24,2° C.

Ergebniss: Die 5 zur Beobachtung gelangten Reblauseier waren sämmtlich todt. Desgleichen erschienen 7 Rebläuse verschiedener Entwickelungsstadien getödtet. — Zwei Tage später wurden die an den aufbewahrten Wurzeln von Versuch 4 noch befindlichen Eier etc. behufs Kontrole des ersten Versuchsergebnisses einer nochmaligen Prüfung unterzogen. Es wurden beobachtet 5 Reblauseier und 4 Rebläuse, deren Körperinhalt nunmehr vollkommen coagulirt erschien.

Versuch 5. Die inficirten Wurzeln verblieben von 2 Uhr 47 Minuten bis 3 Uhr 17 Minuten im Kasten, in welchem zur Zeit der Herausnahme der Wurzeln eine Temperatur von 20,0° C. herrschte.

Ergebniss: Von 5 zur Beobachtung gelangten Eiern waren 4 noch am Leben und 1 getödtet. Ferner wurden 7 Läuse verschiedenen Alters todt und 1 Laus (Nymphe) noch lebend gefunden.

Versuch 6. Die inficirten Wurzeln wurden um 10 Uhr 48 Minuten in den Kasten gebracht und um 11 Uhr 6 Minuten wieder herausgenommen. Die Temperatur im Kasten betrug 20,25° C.

Ergebniss: Von 24 Eiern der verschiedensten Entwickelungsstufen erschienen 23 getödtet, während bei einem Ei letzteres zweifelhaft war. Ferner wurden 2 Rebläuse verschiedenen Alters beobachtet, die sicher getödtet waren.

Versuch 7. Die inficirten Wurzeln wurden an demselben Tage um 11 Uhr 12 Minuten in den Kasten gebracht und um 12 Uhr 3 Minuten wieder herausgenommen. Die Temperatur im Kasten betrug 20,25° C.

Ergebniss: Die Prüfung des Ergebnisses fand in diesem Falle nicht unmittelbar nach der Herausnahme der Wurzeln aus dem Kasten, sondern erst um 3 Uhr 40 Minuten Nachmittags statt, bis hahin wurden die Wurzeln in schwach befeuchtetem Papier in einem grossen Glase aufbewahrt. Die Prüfung ergab 4 Eier verschiedener Entwickelungsstadien, sowie 12 Rebläuse verschiedenen Alters, welche sämmtlich todt waren.

Versuch 8. Die Wurzeln wurden um 8 Uhr 20 Minuten in den Kasten gebracht und um 8 Uhr 50 Minuten wieder herausgenommen. Zur Zeit der Herausnahme betrug die Temperatur im Kasten 18° C.

Ergebniss: Die beobachteten 6 Eier, sowie eine ausgewachsene Reblaus waren sämmtlich am Leben.

Versuch 9. Die Wurzeln gelangten um 9 Uhr 24 Minuten in den Kasten, aus welchem sie um 10 Uhr 38 Minuten wieder herausgenommen wurden. Um die letztgenannte Zeit betrug die Temperatur im Kasten 19,25° C.

Ergebniss: 13 Eier der verschiedensten Entwickelungsstufen, und zwar vom frisch gelegten Ei an bis zum Ei mit zum Ausschlüpfen reifem Embryo, waren sämmtlich todt. Desgleichen erschienen vier Rebläuse und 1 Lipura fimetaria getödtet.

Versuch 10. Beschickung des Kastens mit inficirten Wurzeln um 2 Uhr 56 Minuten. Herausnahme der Wurzeln aus dem Kasten um 3 Uhr 10 Minuten. Die Temperatur im Kasten betrug zur Zeit der Herausnahme der Wurzeln 20,25° C.

Ergebniss: Es wurden beobachtet 8 Eier verschiedenen Alters, welche sämmtlich am Leben waren. 3 Rebläuse und 1 Lipura fimetaria erschienen getödtet, während letzteres bei 3 Rebläusen zweifelhaft war.

Versuch 11. Die Wurzeln wurden um 3 Uhr 57 Minuten in den Kasten gebracht und um 4 Uhr 37 Minuten bei einer Kastentemperatur von 19,5° C. wieder herausgenommen.

Ergebniss: 12 Eier verschiedenen Alters sämmtlich todt; desgleichen 2 ausgewachsene Rebläuse.

Versuch 12. Die Wurzeln wurden um 9 Uhr 55 Minuten in den Kasten gebracht und um 11 Uhr wieder herausgenommen. Temperatur im Kasten 21,6° C.

Ergebniss: 18 Eier verschiedenen Alters und eine ausgewachsene Reblaus todt.

Versuch 13. Beschickung des Kastens mit inficirten Wurzeln um 9 Uhr 30 Minuten. Herausnahme der Wurzeln um 10 Uhr 45 Minuten bei einer Kastentemperatur von 24° C.

Ergebniss: Es wurden beobachtet 20 Eier verschiedenen Alters und 3 Rebläuse. Alles war todt.

Versuch 14. Beschickung des Kastens um 9 Uhr; Herausnahme der Wurzeln um 10 Uhr bei einer Temperatur von 18,5° C.

Ergebniss: Zur Beobachtung gelangten 12 Eier, sowie 6 Rebläuse (darunter eine Nymphe) verschiedenen Alters. Alles war todt.

Zusammenstellung der Versuchsergebnisse, betreffend die Einwirkung des Schwefelkohlenstoffs auf das Leben der Reblauseier.

Laufende No.	No. des Versuchs	Expositionsdauer		Temperatur im Desinfektionskasten C°.	Anzahl der beobachteten Eier		Anzahl der beobachteten Rebläuse		
		Stunden	Minuten		lebend	todt	lebend	todt	zweifelhaft
1	1	—	5	20	15	2	2	3	—
2	10	—	14	20,25	8	—	—	3	3
3	4	—	15	24,2	—	5	—	11	—
4	6	—	18	20,25	1(?)	23	—	2	—
5	3	—	20	20,5	—	23	—	2	4
6	8	—	30	18,0	6	—	1	—	—
7	5	—	30	20,0	4	1	1	7	—
8	11	—	40	19,5	—	12	—	2	—
9	7	—	51	20,25	—	4	—	12	—
10	14	1	—	18,5	—	12	—	6	—
11	12	1	5	21,6	—	18	—	1	—
12	9	1	14	19,25	—	13	—	4	—
13	13	1	15	24,0	—	20	—	3	—
14	2	2	53	22,5	—	4	—	9	—

Aus der obigen Zusammenstellung ergiebt sich, dass eine Expositionsdauer von 15 bis 20 Minuten unter Umständen genügt, um alle Reblauseier zu tödten, dass aber andererseits bei einer halbstündigen Einwirkung des Schwefelkohlenstoffs der Erfolg ausbleiben kann. Erst bei einer Expositionsdauer von 40 oder mehr Minuten erscheinen ausnahmslos alle Reblauseier und auch sämmtliche Rebläuse getödtet.

Ferner deuten besonders die Versuche, lfde. No. 2 und 3, sowie 6 und 7, darauf hin, dass die Temperatur bezüglich der Schnelligkeit, mit welcher der Schwefelkohlenstoff zur Wirkung gelangt, nicht ohne Einfluss ist.

Da es bei der etwaigen Anwendung von Desinfektionsmassregeln in der grossen Praxis vor Allem auf die Sicherheit des Erfolges ankommt, so dürfte das Ergebniss der vorstehenden Versuche im Hinblick auf die in der Praxis obwaltenden Verhältnisse dahin zu fassen sein, dass die Reblauseier und die Rebläuse selbst in dem beschriebenen Desinfektionskasten bei einer Temperatur von mindestens 20° C. mit Sicherheit getödtet werden, wenn die Expositionsdauer eine Stunde beträgt. Selbstverständlich ist dafür zu sorgen, dass in dem Desinfektionskasten stets so viel Schwefelkohlenstoff enthalten ist, dass ein Theil desselben während der Dauer der Anwendung unverdunstet bleibt. Mit anderen Worten, der zur Aufnahme der Reben bestimmte Raum im Desinfektionskasten muss während der Dauer des Versuches mit Schwefelkohlenstoffdampf gesättigt sein.

Da die vorstehend besprochenen Versuche die Vermuthung nahe gelegt hatten, dass die Temperatur bezüglich der Schnelligkeit, mit welcher der Schwefelkohlenstoff zur Wirkung gelangt, nicht ohne Einfluss ist, so lag für das darauf folgende Jahr die Aufgabe vor, die Versuche nach der genannten Richtung auszudehnen.

Um diese Versuche ausführen zu können, musste eine Vorrichtung geschaffen werden, welche es ermöglichte, den Schwefelkohlenstoff bei höheren Temperaturen ohne Gefahr der Entzündung zur Anwendung zu bringen. Zu diesem Zwecke wurde aus Zinkblech ein doppelwandiger, mit einem Holzmantel umkleideter Kasten hergestellt, dessen Einrichtung Fig. 2 veranschaulicht.

Fig. 2.

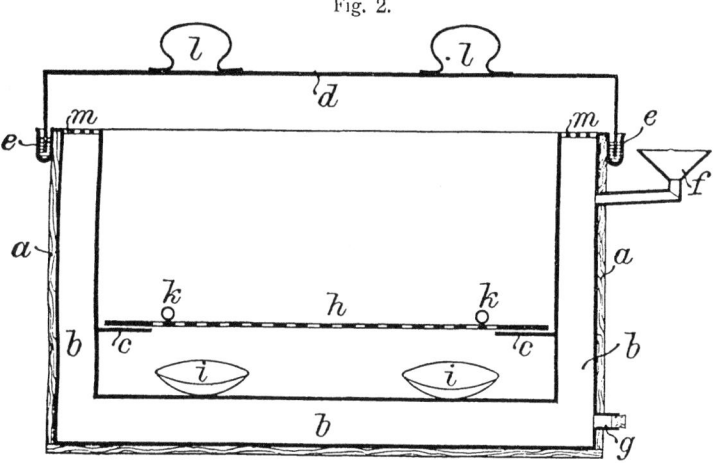

a. Holzbekleidung des doppelwandigen Zinkkastens. — b. Zur Aufnahme heissen Wassers bestimmter Raum zwischen den beiden Wänden des Zinkkastens. — c. An der Innenwand des Kastens befestigte Träger des Einsatzes h. — d. Deckel mit übergreifendem Rande. — e. Mit Wasser gefüllte, um den ganzen Kasten laufende Rinne zur Aufnahme des Deckels. — f. Trichteransatz zum Einfüllen des heissen Wassers. — g. Mit Korkstöpsel verschliessbarer Ansatz zum Ablaufenlassen des Wassers. — h. Mit Löchern versehener Einsatz von Zinkblech. — ii. Schalen zur Aufnahme des Schwefelkohlenstoffs. — kk. Griffe zum Herausheben des Einsatzes h. — ll. Deckelgriffe. — mm. Mit Löchern versehener Verschluss des zur Aufnahme des heissen Wassers bestimmten Hohlraumes.

Zum Zwecke der Ausführung der Versuche wurden die Schalen ii mit Schwefelkohlenstoff gefüllt und auf den Boden des Kastens gebracht. Dann wurde der Einsatz h eingesetzt, in seine Mitte ein Thermometer gebracht und dann durch Aufsetzen des Deckels in die mit Wasser gefüllte Rinne e der Kasten geschlossen. Nun wurde in den Hohlraum h durch Trichteransatz f je nach Bedarf mehr oder weniger heisses Wasser gegossen. Nach einiger Zeit wurde der Deckel abgehoben, die Temperatur möglichst schnell abgelesen und das zu prüfende Objekt auf einem Blatt Papier auf den Einsatz gelegt. Dann wurde der Kasten schnell wieder durch Auflegen des Deckels geschlossen und in diesem Zustande eine bestimmte Zeit gelassen. Nach Ablauf derselben wurde schnell der Deckel abgehoben und die Temperatur im Innern des Kastens abgelesen. Darauf wurden die inficirten Wurzeln sammt der Papierunterlage herausgenommen und die an ihnen befindlichen Rebläuse und deren Eier auf ihr Lebendig- oder Todtsein in der bereits erwähnten Weise geprüft.

Versuch 1. Um 3 Uhr 56 Minuten wurden inficirte Rebwurzeln in der beschriebenen Weise in den Desinfektionskasten gebracht. Die Temperatur im Innern des Kastens betrug um diese Zeit $37{,}5°$ C. Um 4 Uhr 1 Minute wurden die Wurzeln wieder aus dem Kasten genommen. Die Temperatur im Kasten war inzwischen auf $38{,}75°$ C. gestiegen.

Ergebniss: Drei ausgewachsene Läuse, darunter eine Laus mit zahlreichen Eiern im Leibe, sowie zwei Eier erwiesen sich als lebend. Eine ausgewachsene Laus mit 3 Eiern im Leibe war todt.

Versuch 2. Die Wurzeln wurden an demselben Tage und um dieselbe Zeit, wie bei Versuch 1, in den Kasten gebracht, aber bis 4 Uhr 16 Minuten in demselben belassen. Bei der Herausnahme der Wurzeln betrug die Temperatur im Kasten $41{,}25°$ C.

Ergebniss: Drei sehr grosse, zum Theil mehrere Eier enthaltende Rebläuse, eine zwischen der zweiten und dritten Häutung stehende Laus, sowie 3 junge Läuse und 2 Eier erwiesen sich als todt. Dagegen zeigten 2 ausgewachsene, Eier enthaltende Läuse noch Leben.

Versuch 3. Beschickung des Kastens mit den Wurzeln um dieselbe Zeit desselben Tages, wie bei Versuch 1. Die Herausnahme der Wurzeln erfolgte aber erst um 4 Uhr 31 Minuten. Die Temperatur im Kasten betrug um diese Zeit $41{,}25°$ C.

Ergebniss: 2 zwischen der ersten und zweiten Häutung stehende Läuse waren todt, dagegen zeigte eine zwischen der zweiten und dritten Häutung stehende Laus noch Leben.

Versuch 4. Beginn des Versuches, wie bei den obigen Versuchen. Herausnahme der Wurzeln aus dem Kasten um 4 Uhr 46 Minuten, Temperatur im Kasten um diese Zeit 40,6° C.

Ergebniss: Es wurden nur 3, zwischen der ersten und zweiten Häutung stehende Rebläuse gefunden, welche sämmtlich todt waren.

Versuch 5. Die Wurzeln wurden um 10 Uhr 50 Minuten in den Kasten gebracht. Temperatur im Innern des Kastens 27,5° C. Bis zu der um 11 Uhr erfolgten Herausnahme der Wurzeln war die Temperatur im Kasten auf 30,6° C. gestiegen.

Ergebniss: Eine grosse, grünlich gefärbte Laus mit zahlreichen Eiern im Leibe, sowie 3 Läuse verschiedenen Alters und 2 Eier waren sämmtlich lebendig.

Versuch 6. Um dieselbe Zeit und bei derselben Temperatur begonnen, wie Versuch 5. Bis zu der um 11 Uhr 10 Minuten stattgehabten Herausnahme der Wurzeln war die Temperatur im Kasten auf 31,9° C. gestiegen.

Ergebniss: 3 ausgewachsene und 3 junge Nymphen, 6 gewöhnliche Läuse verschiedenen Alters und 4 Eier erwiesen sich als todt. Bei einer grossen, bräunlich gefärbten, Eier enthaltenden Laus, sowie bei einer ausgewachsenen Nymphe erschien es zweifelhaft, ob dieselben getödtet waren.

Versuch 7. Beginn des Versuches, wie bei Versuch 5. Bis zu der um 11 Uhr 15 Minuten erfolgten Herausnahme der Wurzeln war die Temperatur im Kasten auf 32,5° C. gestiegen.

Ergebniss: 3 junge, vor der ersten Häutung stehende Läuse, eine ausgewachsene Nymphe, sowie 1 Ei mit deutlich entwickeltem Embryo erwiesen sich als todt.

Versuch 8. Beginn des Versuches, wie bei Versuch 5. Die Herausnahme der Wurzeln erfolgte um 2 Uhr 15 Minuten, die Temperatur im Kasten betrug um diese Zeit 32° C.

Ergebniss: Bei 2 ausgewachsenen Läusen und einer Nymphe erschien der Körperinhalt vollkommen coagulirt. Die Läuse zeigten noch die ursprüngliche, grünlich gelbe Färbung, hatten jedoch den ihnen sonst eigenen Glanz verloren. Die Eier zeigten sich zum Theil schon unter der Lupe geschrumpft und ohne Glanz. Der Inhalt derselben war ebenfalls vollkommen coagulirt.

Versuch 9. Die Wurzeln wurden um 4 Uhr 30 Minuten in den Desinfektionskasten gebracht. Temperatur im Kasten 41,9° C. Um 4 Uhr 40 Minuten wurden die Wurzeln aus dem Kasten genommen, in welchem die Temperatur sich nicht geändert hatte.

Ergebniss: Mehrere Läuse verschiedenen Alters, sowie Eier erwiesen sich als lebend.

Versuch 10. Beginn des Versuches wie bei Versuch 9. Die Wurzeln wurden um 4 Uhr 51 Minuten aus dem Kasten genommen, bis zu welcher Zeit die Temperatur im Kasten auf 39° C. gefallen war. Die Untersuchung wurde um $5^1/_2$ Uhr ausgeführt und ergab Folgendes: Eine ausgewachsene Laus mit vielen Eiern im Leibe, sowie 1 Ei waren lebendig. 2 ganz junge Läuse, sowie 3 Eier erschienen dagegen todt.

Versuch 11. Beginn des Versuches wie bei Versuch 9. Die Herausnahme der Wurzeln erfolgte um 5 Uhr. Die Temperatur im Kasten betrug um diese Zeit 39° C. Die Untersuchung fand $^3/_4$ Stunden nach der Herausnahme statt.

Ergebniss: 4 Läuse verschiedenen Alters, sowie 2 Eier erwiesen sich als todt. Eine ausgewachsene, bräunlich gefärbte und zahlreiche Eier enthaltende Laus erschien dagegen noch lebendig.

Versuch 12. Die Wurzeln wurden um 9 Uhr 53 Minuten in den Desinfektionskasten gebracht, in welchem die Temperatur 36,9° C. betrug. Die Herausnahme erfolgte um 10 Uhr 14 Minuten. Temperatur unverändert.

Ergebniss: Eine ausgewachsene Laus, sowie 6 verschieden weit entwickelte Eier todt; eine zwischen der zweiten und dritten Häutung stehende Laus erschien lebendig und bei einer ganz jungen Laus war es zweifelhaft, ob sie noch lebte.

Zum Zwecke der Kontrole wurden die Wurzeln in feuchte Erde eingeschlossen und bis zum anderen Tage aufbewahrt. Die Untersuchung ergab nun, dass Alles todt war. Geprüft wurden 6 Läuse verschiedenen Alters, eine Nymphe und 3 Eier, welche trotz ihrer hellgelben Farbe vollkommen coagulirt erschienen.

Versuch 13. Beginn des Versuches wie bei Versuch 12. Die Herausnahme der Wurzeln fand um 10 Uhr 22 Minuten statt. Die Temperatur im Kasten betrug um diese Zeit 36,9° C.

Ergebniss: Eine ausgewachsene Mutterlaus, sowie 24 verschieden weit entwickelte Eier erwiesen sich als todt. Zum Zwecke der Kontrole wurde mit den Wurzeln wie bei Versuch 12 verfahren. Die am nächsten Tage ausgeführte Untersuchung ergab, dass Alles getödtet war. Geprüft wurden mehrere Läuse verschiedenen Alters, zahlreiche Eier verschiedener Entwickelungsstadien, sowie 2 Milben.

Versuch 14. Beginn des Versuches wie bei Versuch 12. Die Wurzeln wurden um 10 Uhr 30 Minuten aus dem Kasten genommen, in welchem die Temperatur um diese Zeit 36,25° C. betrug.

Ergebniss: Eine ausgewachsene, eine junge Laus und eine junge Nymphe, sowie 2 Eier erwiesen sich als todt. Zum Zwecke der Kontrole wurde mit den Wurzeln wie in den beiden vorhergehenden Versuchen verfahren. Bei der am folgenden Tage stattfindenden Prüfung konnten nur eine ausgewachsene Laus und 2 Eier gefunden werden, welche sämmtlich todt waren.

Versuch 15. Die Wurzeln wurden um 9 Uhr 10 Minuten in den Desinfektionskasten gebracht, in welchem die Temperatur 33,75° C. betrug. Die Herausnahme der Wurzeln fand um 9 Uhr 29 Minuten statt. Die Temperatur war inzwischen im Kasten auf 37,5° C. gestiegen.

Ergebniss: 7 Läuse verschiedenen Alters, sowie 1 Ei mit weit entwickeltem Embryo erwiesen sich sämmtlich als todt.

Versuch 16. Beginn wie bei Versuch 15. Die Herausnahme der Wurzeln erfolgte um 9 Uhr 45 Minuten. Die Temperatur im Kasten betrug um diese Zeit 38,1° C.

Ergebniss: Eine Nymphe, 6 Läuse und 4 verschieden weit entwickelte Eier erwiesen sich sämmtlich als todt.

Versuch 17. Beginn wie bei Versuch 15. Die Herausnahme der Wurzeln aus dem Kasten fand statt um 10 Uhr 3 Minuten. Die Temperatur im Kasten betrug um diese Zeit 37,5° C.

Ergebniss: 4 Läuse verschiedenen Alters und 5 verschieden weit entwickelte Eier erschienen sämmtlich todt.

Versuch 18. Beginn wie bei Versuch 15. Die Wurzeln wurden

um 10 Uhr 10 Minuten aus dem Kasten genommen. Die Temperatur im Kasten betrug um diese Zeit 36,25° C.

Ergebniss: 5 Läuse verschiedenen Alters und 7 verschieden weit entwickelte Eier erwiesen sich als todt.

Versuch 19. Die Wurzeln wurden um 10 Uhr 57 Minuten in den Desinfektionskasten gebracht. Die Temperatur im Kasten betrug 45° C. Die Wurzeln waren vorher behufs Befeuchtung in Wasser getaucht worden. Die Herausnahme der Wurzeln aus dem Kasten erfolgte um 11 Uhr 20 Minuten. Die Temperatur im Kasten betrug um diese Zeit 46,25° C. Die Untersuchung der frisch erhaltenen Wurzeln begann um 3 Uhr 40 Minuten Nachmittags.

Ergebniss: 3 ausgewachsene und 2 junge Läuse, sowie ein frisch gelegtes Ei erwiesen sich als todt und vollkommen coagulirt.

Versuch 20. Wie 19, nur waren die Wurzeln vor Beginn des Versuches nicht befeuchtet worden. Die Untersuchung der ebenfalls um 11 Uhr 20 Minuten dem Kasten entnommene Wurzeln begann um 4 Uhr 5 Minuten.

Ergebniss: 3 ausgewachsene und eine junge Laus, sowie 2 Eier erschienen todt und vollkommen coagulirt.

Versuch 21. Wie 20. Die Untersuchung begann um 4 Uhr 35 Minuten.

Ergebniss: Die gefundenen 5 ausgewachsenen Läuse, sowie 6 Eier waren todt und im Innern vollkommen coagulirt.

Versuch 22. Wie 19.

Ergebniss: 8 Läuse verschiedenen Alters und 1 Ei erwiesen sich als todt und im Innern vollkommen coagulirt.

Versuch 23. Die Wurzeln wurden, nach vorausgegangener Befeuchtung durch Untertauchen in Wasser, um 3 Uhr 32 Minuten in den Desinfektionskasten gebracht. Die Temperatur im Kasten betrug 50,6° C. Die Herausnahme fand um 4 Uhr 2 Minuten statt. Die Temperatur im Kasten betrug um diese Zeit 52,6° C.

Ergebniss: 6 gewöhnliche Läuse verschiedenen Alters, eine Nymphe und 7 verschieden weit entwickelte Eier erwiesen sich als todt und im Innern vollkommen coagulirt.

Versuch 24. Wie 23.

Ergebniss: 4 Läuse verschiedenen Alters, sowie 2 Eier zeigten denselben Zustand wie bei 23.

Versuch 25. Wie 23, nur waren die Wurzeln nicht befeuchtet worden.

Ergebniss: 2 ausgewachsene Läuse, sowie 2 Eier waren todt.

Versuch 26. Wie 25.

Ergebniss: 5 junge Läuse erwiesen sich als todt.

Die Ergebnisse der Versuche 23, 24 und 25 wurden am nächsten Tage durch eine erneute Untersuchung nachgeprüft. Die Wurzeln waren durch Aufbewahren in einem mässig feuchten Raum frisch geblieben. Die vorgefundenen Läuse und Eier verschiedenen Alters erwiesen sich dagegen als todt und im Innern vollkommen coagulirt.

Die Versuche 19 bis 26 wurden ausgeführt, um zu ermitteln, ob der Feuchtigkeitszustand der Wurzeln die Wirkung des Schwefelkohlenstoffs auf die Läuse, beziehungsweise deren Eier beeinflusst. Wie die oben mitgetheilten Ergebnisse zeigen, konnte unter den obwaltenden Verhältnissen ein solcher Einfluss nicht beobachtet werden.

Versuch 27. Die Wurzeln wurden um 8 Uhr 38 Minuten in den Desinfektionskasten gebracht. Die Temperatur im Kasten betrug 39,4° C. Die Herausnahme der Wurzeln erfolgte um 8 Uhr 48 Minuten. Die Temperatur im Kasten war inzwischen auf 42,5° C. gestiegen.

Ergebniss: 2 ausgewachsene Läuse, sowie 5 Eier erwiesen sich als todt; 2 junge und eine ausgewachsene Laus zeigten dagegen noch Leben.'

Versuch 28. Beginn des Versuches wie bei 27. Die Herausnahme der Wurzeln fand statt um 8 Uhr 58 Minuten. Die Temperatur im Kasten betrug um diese Zeit 41,9° C.

Ergebniss: Eine ausgewachsene und 3 junge Läuse, sowie 3 Eier waren sicher todt. Bei 6 jungen Läusen und einer ausgewachsenen Laus blieb es zweifelhaft, ob sie noch am Leben waren oder nicht.

Versuch 29. Beginn des Versuches wie bei 27. Die Herausnahme der Wurzeln fand statt um 9 Uhr 8 Minuten. Die Temperatur im Kasten betrug um diese Zeit 40,6° C.

Ergebniss: 4 ausgewachsene Läuse, eine junge Laus und 1 Ei mit bereits entwickeltem Embryo erwiesen sich als todt.

Versuch 30. Beginn des Versuches wie bei 27. Die Herausnahme der Wurzeln erfolgte wie bei Versuch 29.

Ergebniss: 8 Läuse verschiedenen Alters und 3 Eier waren sämmtlich todt.

Die folgende Zusammenstellung veranschaulicht in übersichtlicher Weise die vorstehend mitgetheilten Versuchsergebnisse.

Laufende No.	No. des Versuchs	Expositionsdauer		Temperatur im Desinfektionskasten C°.	Anzahl der beobachteten Rebläuse			Anzahl der beobachteten Reblauseier		
		Stunden	Minuten		lebend	todt	zweifelhaft	lebend	todt	zweifelhaft
1	1	—	5	37,5 – 38,5	3	1	—	2	—	—
2	5	—	10	27,5 –30,6	4	—	—	2	—	—
3	27	—	10	39,4 –42,5	3	2	—	—	5	—
4	9	—	10	41,9	Alle	—	—	Alle	—	—
5	15	—	19	33,75–37,5	—	7	—	—	1	—
6	2	—	20	37,5 –41,25	2	7	—	—	2	—
7	6	—	20	27,5 –31,9	—	12	2	—	4	—
8	28	—	20	39,4 – 41,9	—	4	7	—	3	—
9	10	—	21	41,9 –39,0	1	2	—	1	3	—
10	12	—	21	36,9	1	1	1	—	6	—
11	19	—	23	45,0 –46,25	—	5	—	—	1	—
12	20	—	23	45,0 –46,25	—	4	—	—	2	—
13	21	—	23	45,0 –46,25	—	5	—	—	6	—
14	22	—	23	45,0 – 46,25	—	8	—	—	1	—
15	7	—	25	27,5 –32,5	—	4	—	—	1	—
16	13	—	29	36,9	—	1	—	—	24	—
17	11	—	30	41,9 –39,0	1	4	—	—	2	—
18	23	—	30	50,6 –52,6	—	7	—	—	7	—
19	24	—	30	50,6 –52,6	—	4	—	—	2	—
20	25	—	30	50,6 –52,6	—	2	—	—	2	—
21	26	—	30	50,6 –52,6	—	5	—	—	—	—
22	29	—	30	39,4 –40,6	—	5	—	—	1	—
23	30	—	30	39,4 –40,6	—	8	—	—	3	—
24	3	—	35	37,5 –41,25	1	2	—	—	—	—
25	16	—	35	33,75–38,1	—	7	—	—	4	—
26	14	—	37	36,25–36,9	—	4	—	—	4	—
27	4	—	50	37,5 – 40,6	—	3	—	—	—	—
28	17	—	53	33,75–37,5	—	4	—	—	5	—
29	18	1	—	33,75–36,25	—	5	—	—	7	—
30	8	3	25	27,5 –32,5	—	Alle	—	—	Alle	—

23

Ein Blick auf die vorstehende Tabelle zeigt, dass [bei Temperaturen von über 27° C. eine Expositionsdauer von mehr als 23 Minuten genügt, um in der Regel alle im Sommer auftretenden Entwickelungsformen der Reblaus zu tödten. Bei einer Expositionsdauer von über 35 Minuten wurden ausnahmslos weder lebende Rebläuse noch lebende Eier beobachtet.

Vergleicht man diese Versuchsergebnisse mit jenen, welche bei Temperaturen unter 25° C. erhalten wurden, so zeigt sich deutlich, dass die Wirkung des Schwefelkohlenstoffs auf die Rebläuse, beziehungsweise auf deren Eier durch Anwendung höherer Temperaturen nicht unerheblich gesteigert werden kann. Trotzdem muss auf Grund der beim Arbeiten mit solchen höheren Temperaturen gemachten Erfahrungen von einer Anwendung derselben in der Praxis abgerathen werden. Denn die beim Oeffnen des Desinfektionskastens unter diesen Umständen entströmenden Schwefelkohlenstoffdämpfe sind sehr lästig und dürften bei andauerndem Arbeiten in engen Räumen eine Schädigung der Gesundheit befürchten lassen.

Ausserdem kann es in Folge der ausserordentlich schnellen Verdunstung des Schwefelkohlenstoffs bei den erwähnten höheren Temperaturen leicht vorkommen, dass ein Mangel an ersterem eintritt, wodurch natürlich die desinficirende Wirkung vereitelt oder doch herabgesetzt werden würde.

Aus diesem Grunde dürfte es sich im Hinblick auf die Gesammtheit der ausgeführten Versuche für die Praxis empfehlen, die Desinfektion von Reben bei Temperaturen vorzunehmen, die nicht unter 20° C. liegen, aber 30° C. nicht überschreiten. Die Dauer der Desinfektion hätte unter solchen Umständen mindestens eine Stunde zu betragen.

II.

Versuche, betreffend die Einwirkung von Schwefelkohlenstoffdämpfen auf die Vegetation der Rebe. Von C. Ritter.

Für diese Versuche mussten verschiedene Gesichtspunkte in Betracht gezogen werden: einmal war in gleicher Weise, wie bei den Moritz'schen Versuchen die Desinfektionsdauer einerseits und die Temperatur, unter welcher die Schwefelkohlenstoffdämpfe zu wirken

hatten, andrerseits zu berücksichtigen. Sodann war es nothwendig, die Lebensfähigkeit der Rebe sowohl an bewurzelten, wie an unbewurzelten Objekten, und weiter auch zu den verschiedenen Vegetationsstadien während der Pflanzzeit der Rebe zu prüfen und zwar:
1. im Monat März, zu einer Zeit, wo die Rebe sich noch im Ruhezustande befindet;
2. im Monat April, zur Zeit der stärksten Saftcirkulation;
3. im Monat Mai, zu einer Zeit, wo der erste Saftandrang vorüber ist, die Rebe aber bereits junge Triebe entwickelt hat.

Endlich erschien es zweckmässig, die Versuche auf eine grössere Zahl von Rebsorten auszudehnen.

Unter diesen Gesichtspunkten wurden in der Rebenveredelungsstation zu Engers a/Rh. im Frühjahr 1892, und zwar während der Zeit vom 19. bis 23. März, vom 13. bis 16. April und vom 19. bis 21. Mai eine Reihe von Desinfektionsversuchen ausgeführt, wie folgt:

Es wurde für die drei oben genannten Zeitabschnitte, beziehungsweise „Versuchsserien" das erforderliche Material, Wurzelreben und unbewurzeltes Setzholz, vorbereitet:

Die Wurzelreben wurden herausgenommen, für jeden Einzelversuch abgezählt und nach Sorten gebundweise eingeschlagen.

Das Setzholz wurde pflanzgerecht zugeschnitten, sortenweise abgezählt und in Gebunden in sogenannten „Dunstgruben" mit dem Kopfende nach unten, eingesandet.

Um später, im Laufe des Sommers, die Erfolge der Desinfektion beobachten und mit nichtdesinficirten Reben vergleichen zu können, wurden gleichzeitig eine gleiche Anzahl von Kontrolobjekten in gleichen Sorten und in gleicher Weise eingeschlagen, beziehungsweise eingesandet.

Für jede Versuchsserie wurden 8 Desinfektionsversuche, im Ganzen also 24 Versuche vorgesehen.

Für die erste Serie kamen je zwei Rebsorten bewurzelt und sechs Sorten unbewurzelt zu je 25 Stück zur Anwendung.

Für die zweite Serie wurden je zwei Rebsorten à 25 Stück bewurzelt und je vier Sorten à 25 Stück, je zwei Sorten à 5 Stück und je eine Sorte à 8 Stück unbewurzelt vorbereitet.

Für die dritte Serie endlich bestand das Versuchsmaterial aus je einer Sorte à 10 Stück bewurzelt und je vier Sorten à 25 Stück, je zwei Sorten à 5 Stück und je einer Sorte à 8 Stück unbewurzelt.

Zur Desinfektion ward derselbe Kasten benutzt, welcher für die Moritz'schen Versuche gedient hatte.

Die Desinfektion wurde in einem geheizten Zimmer vorgenommen. In Anbetracht der leichten Entzündbarkeit des Schwefelkohlenstoffs musste das Feuer im Ofen vor Beginn der Desinfektion gelöscht und das Zimmer für jeden neuen Versuch wieder angeheizt werden.

Ein im Desinfektionskasten angebrachtes Thermometer ward für jeden einzelnen Versuch auf die vorgesehene Höhe, beziehungsweise in der Voraussicht, dass die aus dem Einschlage kommenden Reben die Temperatur im Laufe der Desinfektionsdauer erheblich herabmindern würden, um einige Grade höher getrieben, als für den Versuch berechnet war, so dass die Durchschnittstemperatur vom Zeitpunkt des Desinfektionsbeginns bis zur Beendung ungefähr den beabsichtigten Graden gleichkam.

Die Anfangs- und Schlusstemperatur ward bei jedem einzelnen Versuche sorgfältig notirt und ist in der am Schlusse befindlichen Tabelle niedergelegt.

Die desinficirten Reben gelangten nach jedem Versuche unverzüglich in den Einschlag oder in die Dunstgrube zurück und wurden mit Eintritt warmer Witterung zugleich mit den nicht desinficirten Kontrolobjekten auf die hierfür vorbereitete Rabatte ausgepflanzt, dergestalt, dass neben jeder Sorte desinficirter Reben die gleiche Stückzahl und Sorte der Kontrolpflanzen zu stehen kam.

Die Ergebnisse der Versuche lassen sich auf Grund der eben angezogenen Tabelle kurz in Folgendem zusammenfassen.

A. Wurzelreben.

Wegen Mangels an anderem Material kamen ausschliesslich amerikanische Sorten, Vitis Riparia und York Madeira, zur Anwendung.

Bei Serie I, welche im Monat März zur Desinfektion gelangt war, konnte im Monat Juli ein Unterschied zwischen den Versuchsobjekten und Kontrolpflanzen bei Vitis Riparia nicht beobachtet werden; bei Vitis York Madeira erschienen die Versuchsobjekte etwas schwächer entwickelt, als die Kontrolobjekte, auch war der Prozentsatz bezüglich des Anwachsens bei den Ersteren geringer.

Es muss hervorgehoben werden, dass die York Madeira aus Pflanzen bestanden, welche durch den Frost der letzten Winter gelitten hatten, so dass sowohl die Versuchs- wie auch die Kontrolobjekte einen bei Weitem schwächeren Wuchs bekundeten, als die Vitis Riparia. Des Ferneren ist zu erwähnen, dass die abnorme Hitze und Trockenheit des Vorsommers 1892 auf das allgemeine Wachsthum der Reben einen sehr ungünstigen Einfluss übten, so dass sowohl von den Kontrolobjekten wie von den Versuchspflanzen ein erheblicher Prozentsatz überhaupt nicht anwuchs.

Im Monat August blieb das Verhältniss zu Ungunsten der Versuchsobjekte bei York Madeira bestehen, auch bei Riparia hatten sich theilweise die Kontrolobjekte etwas kräftiger entwickelt, und zwar vornehmlich bei Serie I, Versuch 1 und 3. Bei Serie I, Versuch 2, 4, 5, 6, 7 und 8 konnte bezüglich der Riparia ein Unterschied nicht wahrgenommen werden.

Dasselbe gilt von York Madeira bei Versuch 4, 6, 7 und 8. Bei 2 und 5 erschienen die Versuchsobjekte der York Madeira etwas schwächer als die Kontrolobjekte.

Da die Versuchsobjekte in dem Versuchsquartier durchweg zu linker Hand, die Kontrolobjekte zu rechter Hand angepflanzt worden sind, und da auch in der angebogenen Tabelle die Ersteren links, die Letzteren rechts verzeichnet sind, so mag der Kürze halber in der Folge das Wort „links" für die „Versuchsobjekte", das Wort „rechts" für die „Kontrolobjekte" gelten.

Wenn bei Serie I (Versuch 1 bis 8), namentlich bezüglich der Riparia, bei den meisten Einzelversuchen gar kein, oder doch kein nennenswerther Unterschied zwischen „links" und „rechts" konstatirbar war, so stellte sich bei Serie II (Versuch 9 bis 16), welche im Monat April, zur Zeit der stärksten Saftcirkulation, zur Desinfektion gelangt war, ein bei Weitem stärkeres Missverhältniss heraus zu Ungunsten der Versuchsobjekte.

Bei 25° C. hatten beide Rebsorten bei den Versuchen 9, 10 und 11 „links" entschieden gelitten; auch war das Anwachsverhältniss, namentlich bei 9 „links" bedeutend geringer als „rechts"; nur bei 12 (40 Minuten Desinfektionsdauer) war ein Unterschied nicht bemerkbar. Bei 20° C. konnte merkwürdiger Weise bei Versuch 13 (120 Minuten Desinfektionsdauer) und bei Versuch 14 (90 Minuten Desinfektionsdauer) weder an Riparia noch an York Madeira, weder betreffs des

Anwachsens, noch hinsichtlich des allgemeinen Wuchses, ein Unterschied zwischen „links" und „rechts" konstatirt werden, während bei 15 und 16 (20° C. und 40 Minuten Desinfektionsdauer) „links" durchweg geringer war als „rechts".

Bei Serie III kommen nur bewurzelte Riparia zur Anwendung. Die Versuche dieser Serie, welche im Monat Mai vorgenommen wurden, zu einer Zeit, als der Hauptsaftandrang vorüber war, wo aber die Pflanzen bereits fingerlange Triebe entwickelt hatten, erschienen um deswillen von ganz besonderem Interesse, als die bereits vorhandenen jungen Triebe der Versuchsobjekte fast ausnahmslos durch die Desinfektion vernichtet worden waren. Trotzdem aber entwickelten sich nach kurzer Frist die Nebenaugen dergestalt, dass bereits im Juli ein frisches Wachsthum bemerkbar war, gegen Ende August aber die Versuchsobjekte den Kontrolobjekten mindestens gleich kamen, zum Theil sogar die letzteren im Wuchse überholt hatten.

Aus dem Obigen dürfte sich Folgendes ergeben:
1. Die Desinfektion von Wurzelreben im Monat März, wo der Saft noch nicht cirkulirt, thut den Pflanzen wenig oder gar keinen Eintrag, wenn die Desinfektionsdauer bei 20° C. 120 Minuten, oder bei 25° C. 90 Minuten nicht übersteigt.
2. Eine Desinfektion von Wurzelreben im Monat April, wenn der Weinstock in der stärksten Saftcirculation steht, wirkt mehr oder weniger schädigend auf die Pflanzen und ist deshalb nicht zu empfehlen.
3. Im Monat Mai, zu einer Zeit, wo der erste Saftandrang vorüber ist, leiden die Pflanzen zwar zu Anfang, und es werden namentlich die bereits vorhandenen grünen Triebe vernichtet, doch behalten die Reben Kraft genug, um sich später wieder normal zu entwickeln.

B. Unbewurzeltes Setzholz.

Wenn schon die Wurzelreben durch die grosse Hitze und Trockenheit im Vorsommer 1892 in ihrem Wuchse erheblich beeinträchtigt worden waren, so traf dies in noch erhöhtem Masse bei den unbewurzelten Setzlingen zu, und es trat dieser Uebelstand, wie ein Blick auf die Tabelle zur Genüge zeigt, nicht minder unliebsam bei den nicht desinficirten Kontrolobjekten hervor, wie bei den der Desinfektion ausgesetzt gewesenen Versuchspflanzen.

Nichtsdestoweniger erscheint der Schluss berechtigt, dass die Versuche zweifellos dargethan haben, dass die Schwefelkohlenstoffdesinfektion bei 20° oder 25° C. bei einer Desinfektionsdauer bis zu 120 Minuten einen belangreichen Nachtheil für die unbewurzelten Setzreben nicht ergeben hat, dass vielmehr die in Folge der Trockenheit geringe Zahl der angewurzelten Reben trotz der Desinfektion einen nicht minder kräftigen Wuchs bekundeten, als die in gleich geringem Procentsatze angewachsenen, nicht desinficirten Kontrolobjekte.

Um ein in jeder Hinsicht befriedigendes und massgebendes Urtheil zu gewinnen, um andrerseits — analog den von Moritz im ommer 1892 fortgesetzten und zu Ende geführten Beobachtungen hinsichtlich der Lebensfähigkeit der Reblaus unter der Einwirkung von Schwefelkohlenstoffdämpfen bei höheren Wärmegraden — die Rebendesinfektionsversuche ebenfalls auf höhere Temperaturen auszudehnen, wurde eine Fortsetzung derselben in der Rebenveredelungsstation Engers in Aussicht genommen und im April 1893 zur Ausführung gebracht.

Für die Anwendung höherer Wärmegrade wurde der bereits von Moritz beschriebene Apparat nunmehr auch für die Rebendesinfektionsversuche benutzt.

Die Versuche wurden am 27. und 28. April 1893 vorgenommen und erstreckten sich auf 10 Einzelversuche unter Verwendung von je 2 Sorten Wurzelreben (Riparia und York Madeira) à 25 Stück und je 4 Sorten Blindholz à 25 Stück (Riparia, York Madeira, Riesling und Klebroth).

Der Verlauf der Versuche war folgender:

Versuch 1. Die Reben gelangten am 27. April, Vormittags 11 Uhr 26 Minuten in den Kasten und wurden nach einer Desinfektionsdauer von . . . . 20 Minuten herausgenommen.
Die Anfangstemperatur betrug . . . . $25\frac{1}{2}°$ C.,
die Schlusstemperatur . . . . $24\frac{3}{4}°$ C.
im Mittel: $25\frac{1}{8}°$ C.

Versuch 2. Desinfektionsdauer: 30 Minuten,
Temperatur-Anfang: 26° C.
„ Ende: $23\frac{1}{4}°$ C.
im Mittel: $24\frac{5}{8}°$ C.

Versuch 3. Desinfektionsdauer: 45 Minuten,
Temperatur-Anfang: 26³/₄° C.
„ Ende: 24° C.
im Mittel: 25³/₈° C.
Versuch 4. Desinfektionsdauer: 60 Minuten,
Temperatur-Anfang: 26¹/₄° C.
„ Ende: 28° C.
im Mittel: 27¹/₈° C.
Versuch 5. Desinfektionsdauer: 80 Minuten,
Temperatur-Anfang: 26° C.
„ Ende: 26³/₄° C.
im Mittel: 26³/₈° C.
Versuch 6. Desinfektionsdauer: 25 Minuten,
Temperatur-Anfang: 31° C.
„ Ende: 31¹/₂° C.
im Mittel: 31¹/₄° C.
Versuch 7. Desinfektionsdauer: 30 Minuten,
Temperatur-Anfang: 31° C.
„ Ende: 31³/₄° C.
im Mittel: 31³/₈° C.
Versuch 8. Desinfektionsdauer: 45 Minuten,
Temperatur-Anfang: 32° C.
„ Ende: 31¹/₂° C.
im Mittel: 31³/₄° C.
Versuch 9. Desinfektionsdauer: 60 Minuten,
Temperatur-Anfang: 30¹/₂° C.
„ Ende: 29¹/₂° C.
im Mittel: 30° C.
Versuch 10. Desinfektionsdauer: 70 Minuten,
Temperatur-Anfang: 29° C.
„ Ende: 29³/₄° C.
im Mittel: 29³/₈° C.

Die Reben waren somit bei den ersten 5 Versuchen bei einer Durchschnittstemperatur von 25 bis 27° C. 20 bezw. 30, 45, 60 und 80 Minuten lang, bei den letzten 5 Versuchen bei einer Durchschnittstemperatur von 30 bis 31½° C. 25 bezw. 30, 45, 60 und 70 Minuten hindurch den Schwefelkohlenstoffdämpfen ausgesetzt gewesen.

Die Auspflanzung der Wurzelreben sowohl wie des Setzholzes geschah sofort nach Beendung der einzelnen Versuche, unter gleichzeitiger Auspflanzung nicht desinficirter Kontrolobjekte in gleicher Stückzahl und gleichen Sorten. Das Ergebniss lässt sich kurz dahin zusammenfassen, dass bei keinem einzigen der 10 Versuche irgend welcher durch die Desinfektion verursachter Nachtheil für das Gedeihen der Pflanzen konstatirt werden konnte: Vom Beginn des Triebes bis zum Herbst zeigten die desinficirten Reben ein durchaus normales Wachsthum und waren in ihrer Entwickelung von den nicht desinficirten Kontrolobjekten nicht zu unterscheiden. Bei diesen wie bei jenen ergaben die Wurzelreben ein Anwachsverhältniss von 99 bis 100%, das Setzholz ein solches von 85 bis 90%, was zweifellos als ein sehr günstiges bezeichnet werden kann.

Bei Herausnahme der Pflanzen wurde die Bewurzelung der Versuchsobjekte einem sorgfältigen Vergleiche mit derjenigen der Kontrolobjekte unterzogen; auch nach dieser Richtung hin konnte irgend ein Unterschied nicht wahrgenommen werden.

Auf Grund des Obigen darf mit Sicherheit angenommen werden, dass der Weinstock, sowohl in bewurzeltem Zustande, wie als Blindholz eine Desinfektion mit Schwefelkohlenstoff bei 25° C., ja selbst bei 30° C. bis zu 70 bis 80 Minuten Desinfektionsdauer ohne jedweden Nachtheil für seine weitere Entwickelung erträgt.[1)]

[1)] Nach dem Berichte der Königlichen Lehranstalt für Obst- und Weinbau zu Geisenheim a/Rh. 1892/93 (Wiesbaden 1893, S. 49/50) wurden in der dortigen Anstalt ähnliche Versuche ausgeführt. Dieselben ergaben, dass eine bis zu 12 Stunden dauernde Einwirkung von Schwefelkohlenstoffdämpfen die Lebensfähigkeit des Rebenblindholzes nicht zu schädigen vermochte. Auch bei Wurzelreben, welche bis zu 1½ Stunden den Schwefelkohlenstoffdämpfen ausgesetzt waren, konnte eine schädliche Einwirkung nicht nachgewiesen werden. Zum Versuch dienten bei Blindholz Riesling, bei Wurzelreben Riesling und Sylvaner. Rebenblattläuse waren nach 1½ Stunden sicher getödtet.

TABELLEN.

Tabellarische Uebersicht.

Tabelle, betreffend das Ergebniss der Desinfectionsversuche, welche wurden, behufs Ermittlung des Einflusses von Schwefel-

Serie des Versuchs	No. des Versuchs	Datum der Desinfection	Name der zur Desinfection gelangten Rebsorte	Temperatur im Kasten nach Celsius			Dauer der Desinfection			Es sind an- von den Versuchs- objecten	
				beim Einbringen in den Kasten	b. Herausnehmen aus dem Kasten	Durchschnitt	von Beginn	bis zum Ende	gleich Minuten	Stückzahl	Prozentsatz
I	1	1892 19.3	a. Wurzelreben	27,00	22,50	24,75	Vormittag 9 Uhr 45 Minuten	Vormittag 11 Uhr 45 Minuten	120		
			25 Riparia . . .	„	„	„			„	22	88
			25 York Madeira.	„	„	„			„	15	60
			b. Setzholz	„	„	„			„		
			25 Riparia . . .	„	„	„			„	8	32
			25 York Madeira.	„	„	„			„	.	.
			25 Vitis Solonis ·	„	„	„			„	10	40
			25 Klebroth . . .	„	„	„			„	9	36
			25 Gutedel, weiss	„	„	„			„	.	.
			25 „ rother.	„	„	„			„	.	.

Die Versuchsobjecte wurden nach der Desinfection mit einer gleichen Anzahl von Controllobjecten am 20. April, das Setz-

I	2	19.3	a. Wurzelreben	26,50	22,00	24,25	Mittag 12 Uhr	Nachmittag 1 Uhr 30 Minuten	90		
			25 Riparia . . .	„	„	„			„	21	84
			25 York Madeira.	„	„	„			„	23	92
			b. Setzholz	„	„	„			„		
			25 Riparia . . .	„	„	„			„	6	24
			25 York Madeira.	„	„	„			„	1	4
			25 Solonis . . .	„	„	„			„	2	8
			25 Klebroth . . .	„	„	„			„	10	40
			25 Gutedel weiss	„	„	„			„	10	40
			25 „ rother.	„	„	„			„	13	52

Spätere Behand-

	3	19.3	a. Wurzelreben	27,00	22,50	24,75	Nachmittag 5 Uhr 30 Minuten	Nachmittag 6 Uhr 30 Minuten	60		
			25 Riparia . . .	„	„	„			„	22	88
			25 York Madeira.	„	„	„			„	14	56
			b. Setzholz	„	„	„			„		
			25 Riparia . . .	„	„	„			„	4	16
			25 York Madeira.	„	„	„			„	12	48
			25 Solonis . . .	„	„	„			„	5	20
			25 Klebroth . . .	„	„	„			„	17	68
			25 Gutedel, weiss	„	„	„			„	5	20
			25 „ rother.	„	„	„			„	12	48

Spätere Behand-

Tabellarische Uebersicht.

in der Rebenveredlungsstation zu Engers im Jahre 1892 ausgeführt kohlenstoffdämpfen auf die Vegetation der Rebe.

gewachsen von den Controllobjecten		Die Beschaffenheit der Rebe war			
		im Monat Juli		im Monat August	
Stückzahl	Prozentsatz	bei den Versuchsobjecten	bei den Controllobjecten	bei den Versuchsobjecten	bei den Controllobjecten
22	88	mittelmässig	mittelmässig	fast gut	gut
22	88	sehr schwach	schwach	schwach	mittelmässig
4	16	schwach	schwach	mittelmässig	fast gut
11	44	.	schwach	.	mittelmässig
9	36	schwach	schwach	schwach	mittelmässig
21	84	schwach	mittelmässig	mittelmässig	fast gut
5	20	.	schwach	.	mittelmässig
7	28	.	schwach	.	mittelmässig

eingeschlagen bezw. eingesandet und am 20. April bezw. 25. Mai ausgepflanzt. (Die Wurzelreben holz am 25. Mai.)

22	88	fast gut	fast gut	gut	gut
25	100	schwach	mittelmässig	mittelmässig	fast gut
.	.	schwach	.	mittelmässig	
2	8	schwach	schwach	mittelmässig	mittelmässig
7	28	schwach	schwach	mittelmässig	zieml. kräftig
11	44	schwach	schwach	mittelmässig	mittelmässig
1	4	schwach	schwach	mittelmässig	mittelmässig
7	28	schwach	schwach	mittelmässig	mittelmässig

lung wie oben.

22	88	mittelmässig	gut	fast gut	gut
18	72	schwach	mittelmässig	mittelmässig	fast gut
4	16	schwach	schwach	mittelmässig	mittelmässig
4	16	schwach	schwach	mittelmässig	mittelmässig
7	28	schwach	schwach	mittelmässig	mittelmässig
12	48	schwach	schwach	mittelmässig	mittelmässig
9	36	schwach	schwach	mittelmässig	mittelmässig
4	16	schwach	schwach	mittelmässig	mittelmässig

lung wie oben.

Tabellarische Uebersicht.

Serie des Versuchs	No. des Versuchs	Datum der Desinfection	Name der zur Desinfection gelangten Rebsorte	Temperatur im Kasten nach Celsius			Dauer der Desinfection			Es sind an von den Versuchsobjecten	
				beim Einbringen in den Kasten	b. Herausnehmen aus dem Kasten	Durchschnitt	von Beginn	bis zum Ende	gleich Minuten	Stückzahl	Prozentsatz
I	4	1892 20.3	a. Wurzelreben	28,00	22,00	25,00	Nachmittag 12 Uhr 15 Minuten	Nachmittag 12 Uhr 55 Minuten	40		
			25 Riparia . . .	„	„	„			„	23	92
			25 York Madeira .	„	„	„			„	22	88
			b. Setzholz	„	„	„			„		
			25 Riparia . .	„	„	„			„	3	12
			25 York Madeira .	„	„	„			„	9	12
			25 Solonis . . .	„	„	„			„	3	36
			25 Klebroth . . .	„	„	„			„	15	60
			25 Gutedel, weiss	„	„	„			„	7	28
			25 „ rother .	„	„	„			„	8	32

Die Versuchsobjecte wurden nach der Desinfection mit einer gleichen Anzahl von Controllobjecten am 20. April, das Setz-

I	5	22.3	a. Wurzelreben	20,50	18,50	19,50	Nachmittag 5 Uhr 2 Minuten	Nachmittag 7 Uhr 2 Minuten	120		
			25 Riparia . . .	„	„	„			„	23	92
			25 York Madeira .	„	„	„			„	21	84
			b. Setzholz	„	„	„			„		
			25 Riparia . . .	„	„	„			„	12	48
			25 York Madeira .	„	„	„			„	3	12
			25 Solonis . . .	„	„	„			„	7	28
			25 Klebroth . . .	„	„	„			„	14	56
			25 Gutedel, weiss	„	„	„			„	6	24
			25 „ rother .	„	„	„			„	10	40

Spätere Behand-

I	6	23.3	a. Wurzelreben	22,00	19,00	20,00	Vormittag 9 Uhr 15 Minuten	Vormittag 10 Uhr 45 Minuten	90		
			25 Riparia . . .	„	„	„			„	25	100
			25 York Madeira .	„	„	„			„	20	80
			b. Setzholz	„	„	„			„		
			25 Riparia . . .	„	„	„			„	5	20
			25 York Madeira .	„	„	„			„	6	24
			25 Solonis . . .	„	„	„			„	9	36
			25 Klebroth . . .	„	„	„			„	17	68
			25 Gutedel, weiss	„	„	„			„	8	32
			25 „ rother .	„	„	„			„	13	52

Spätere Behand-

Tabellarische Uebersicht.

gewachsen		Die Beschaffenheit der Rebe war			
von den Controllobjecten		im Monat Juli		im Monat August	
Stückzahl	Prozentsatz	bei den Versuchsobjecten	bei den Controllobjecten	bei den Versuchsobjecten	bei den Controllobjecten
23	92	mittelmässig	mittelmässig	gut	gut
25	100	mittelmässig	mittelmässig	gut	gut
6	24	schwach	schwach	mittelmässig	mittelmässig
4	16	schwach	schwach	mittelmässig	mittelmässig
2	8	schwach	schwach	zieml. kräftig	zieml. kräftig
12	48	schwach	schwach	zieml. kräftig	zieml. kräftig
4	16	schwach	schwach	mittelmässig	mittelmässig
1	8	schwach	schwach	mittelmässig	mittelmässig

eingeschlagen bezw. eingesandet und am 20. April bezw. 25. Mai ausgepflanzt. (Die Wurzelreben holz am 25. Mai.)

23	92	mittelmässig	mittelmässig	gut	gut
24	96	schwach	mittelmässig	mittelmässig	fast gut
6	24	schwach	schwach	mittelmässig	mittelmässig
6	24	schwach	schwach	mittelmässig	mittelmässig
2	8	schwach	schwach	zieml. kräftig	zieml. kräftig
12	48	schwach	schwach	zieml. kräftig	zieml. kräftig
6	24	schwach	schwach	mittelmässig	mittelmässig
7	28	schwach	schwach	mittelmässig	mittelmässig

lung wie oben.

23	92	mittelmässig	mittelmässig	gut	gut
23	92	mittelmässig	mittelmässig	gut	gut
2	8	schwach	schwach	mittelmässig	mittelmässig
2	8	schwach	schwach	mittelmässig	mittelmässig
.	.	schwach	.	zieml. kräftig	.
16	64	schwach	schwach	zieml. kräftig	zieml. kräftig
9	36	schwach	schwach	mittelmässig	mittelmässig
9	36	schwach	schwach	mittelmässig	mittelmässig

lung wie oben.

Tabellarische Uebersicht.

Serie des Versuchs	No. des Versuchs	Datum der Desinfection	Name der zur Desinfection gelangten Rebsorte	Temperatur im Kasten nach Celsius			Dauer der Desinfection			Es sind an- von den Versuchsobjecten	
				beim Einbringen in den Kasten	b. Herausnehmen aus dem Kasten	Durchschnitt	von Beginn	bis zum Ende	gleich Minuten	Stückzahl	Prozentsatz
I	7	1892 23.3	a. Wurzelreben	22,50	20,00	21,25	Nachmittag 12 Uhr 15 Minuten	Nachmittag 1 Uhr 15 Minuten	60		
			25 Riparia ...	,,	,,	,,			,,	20	80
			25 York Madeira .	,,	,,	,,			,,	20	80
			b. Setzholz	,,	,,	,,			,,		
			25 Riparia ...	,,	,,	,,			,,	1	4
			25 York Madaira .	,,	,,	,,			,,	5	20
			25 Solonis ...	,,	,,	,,			,,	1	4
			25 Klebroth ..	,,	,,	,,			,,	12	48
			25 Gutedel, weiss	,,	,,	,,			,,	3	12
			25 ,, rother	,,	,,	,,			,,	3	12

Die Versuchsobjecte wurden nach der Desinfection mit einer gleichen Anzahl von Controllobjecten am 20. April, das Setz-

I	8	23.3	a. Wurzelreben	22,50	19,50	21,00	Nachmittag 3 Uhr 15 Minuten	Nachmittag 3 Uhr 55 Minuten	40		
			25 Riparia ...	,,	,,	,,			,,	24	96
			25 York Madeira .	,,	,,	,,			,,	22	88
			b. Setzholz	,,	,,	,,			,,		
			25 Riparia ...	,,	,,	,,			,,	5	20
			25 York Madeira .	,,	,,	,,			,,	1	4
			25 Solonis ...	,,	,,	,,			,,	.	.
			25 Klebroth ...	,,	,,	,,			,,	23	92
			25 Gutedel, weiss	,,	,,	,,			,,	4	16
			25 ,, rother	,,	,,	,,			,,	3	12

Spätere Behand-

II	9	13.4	a. Wurzelreben	28,00	22,50	25,25	Vormittag 9 Uhr 25 Minuten	Vormittag 11 Uhr 25 Minuten	120		
			25 Riparia ...	,,	,,	,,			,,	13	52
			25 York Madeira .	,,	,,	,,			,,	11	44
			b. Setzholz	,,	,,	,,			,,		
			25 Riparia ...	,,	,,	,,			,,	13	52
			25 York Madeira .	,,	,,	,,			,,	8	32
			25 Klebroth ...	,,	,,	,,			,,	5	20
			25 Riesling ...	,,	,,	,,			,,	10	40
			5 Elbling, weiss	,,	,,	,,			,,	2	40
			5 Sylvaner, ,,	,,	,,	,,			,,	3	60
			8 Frühburgunder	,,	,,	,,			,,	6	75

Die Wurzelreben wurden nach der Desinfection mit einer gleichen Anzahl von Controllobjecten ein-

Tabellarische Uebersicht.

gewachsen		Die Beschaffenheit der Rebe war			
von den Controllobjecten		im Monat Juli		im Monat August	
Stückzahl	Prozentsatz	bei den Versuchsobjecten	bei den Controllobjecten	bei den Versuchsobjecten	bei den Controllobjecten
23	92	mittelmässig	mittelmässig	gut	gut
21	84	mittelmässig	mittelmässig	gut	gut
3	12	schwach	schwach	mittelmässig	mittelmässig
1	4	schwach	schwach	mittelmässig	mittelmässig
1	4	schwach	schwach	mittelmässig	mittelmässig
11	44	schwach	schwach	mittelmässig	mittelmässig
1	4	schwach	schwach	mittelmässig	mittelmässig
1	4	schwach	schwach	mittelmässig	mittelmässig

eingeschlagen bezw. eingesandet und am 20. April bezw. 25. Mai ausgepflanzt. (Die Wurzelreben holz am 25. Mai.)

23	92	mittelmässig	mittelmässig	gut	gut
25	100	mittelmässig	mittelmässig	gut	gut
1	4	schwach	schwach	mittelmässig	mittelmässig
1	4	schwach	schwach	mittelmässig	mittelmässig
2	8	schwach	schwach	mittelmässig	mittelmässig
16	64	schwach	schwach	zieml. kräftig	zieml. kräftig
8	32	schwach	schwach	mittelmässig	mittelmässig
8	32	schwach	schwach	mittelmässig	mittelmässig

lung wie oben.

23	92	schwach	mittelmässig	mittelmässig	gut
16	64	schwach	mittelmässig	mittelmässig	gut
9	36	schwach	schwach	mittelmässig	mittelmässig
4	16	schwach	schwach	mittelmässig	mittelmässig
7	28	schwach	schwach	mittelmässig	mittelmässig
16	64	schwach	schwach	mittelmässig	mittelmässig
2	40	schwach	schwach	mittelmässig	mittelmässig
4	80	schwach	schwach	mittelmässig	mittelmässig
7	87	schwach	schwach	mittelmässig	mittelmässig

geschlagen, die Wurzelreben wurden am 20. April ausgepflanzt, das Setzholz am 25. Mai eingelegt.

Tabellarische Uebersicht.

Serie des Versuchs	No. des Versuchs	Datum der Desinfection	Name der zur Desinfection gelangten Rebsorte	Temperatur im Kasten nach Celsius			Dauer der Desinfection			Es sind an von den Versuchsobjecten	
				beim Einbringen in den Kasten	b. Herausnehmen aus dem Kasten	Durchschnitt	von Beginn	bis zum Ende	gleich Minuten	Stückzahl	Prozentsatz
II	10	1892 14. 4	a. Wurzelreben	27,00	19,00	23,00	Vormittag 8 Uhr 46 Minuten	Vormittag 10 Uhr 16 Minuten	90		
			25 Riparia . . .	„	„	„			„	21	84
			25 York Madeira .	„	„	„			„	20	80
			b. Setzholz	„	„	„			„		
			25 Riparia . . .	„	„	„			„	15	60
			25 York Madeira .	„	„	„			„	3	12
			25 Klebroth . . .	„	„	„			„	12	48
			25 Riesling . . .	„	„	„			„	15	60
			5 Elbling, weiss .	„	„	„			„	2	40
			5 Sylvaner, „	„	„	„			„	2	40
			8 Frühburgunder	„	„	„			„	5	62½

Die Wurzelreben wurden nach der Desinfection mit einer gleichen Anzahl von Controllobjecten ein-

II	11	14. 4	a. Wurzelreben	27,00	22,00	24,50	Nachmittag 12 Uhr 18 Minuten	Nachmittag 1 Uhr 18 Minuten	60		
			25 Riparia . . .	„	„	„			„	22	88
			25 York Madeira .	„	„	„			„	22	88
			b. Setzholz	„	„	„			„		
			25 Riparia . . .	„	„	„			„	12	48
			25 York Madeira .	„	„	„			„	4	16
			25 Klebroth . . .	„	„	„			„	3	12
			25 Riesling . . .	„	„	„			„	16	64
			5 Elbling, weiss .	„	„	„			„	2	40
			5 Sylvaner, „	„	„	„			„	1	20
			8 Frühburgunder	„	„	„			„	5	62½

Spätere Behand-

II	12	14. 4	a. Wurzelreben	27,50	23,50	25,50	Nachmittag 2 Uhr 50 Minuten	Nachmittag 3 Uhr 30 Minuten	40		
			25 Riparia . . .	„	„	„			„	24	96
			25 York Madeira .	„	„	„			„	20	80
			b. Setzholz	„	„	„			„		
			25 Riparia . . .	„	„	„			„	7	28
			25 York Madeira .	„	„	„			„	6	24
			25 Klebroth . . .	„	„	„			„	8	32
			25 Riesling . . .	„	„	„			„	16	64
			5 Elbling, weiss .	„	„	„			„	5	100
			5 Sylvaner, „	„	„	„			„	1	20
			8 Frühburgunder	„	„	„			„	7	87½

Spätere Behand-

Tabellarische Uebersicht.

gewachsen		Die Beschaffenheit der Rebe war			
von den Controllobjecten		im Monat Juli		im Monat August	
Stückzahl	Prozentsatz	bei den Versuchsobjecten	bei den Controllobjecten	bei den Versuchsobjecten	bei den Controllobjecten
23	92	schwach	mittelmässig	ziemlich gut	gut
21	84	schwach	mittelmässig	ziemlich gut	gut
7	28	schwach	schwach	mittelmässig	mittelmässig
8	32	schwach	schwach	mittelmässig	mittelmässig
4	16	schwach	schwach	zieml. kräftig	mittelmässig
16	64	schwach	schwach	zieml. kräftig	zieml. kräftig
3	60	schwach	schwach	mittelmässig	mittelmässig
2	40	schwach	schwach	mittelmässig	mittelmässig
3	37½	schwach	schwach	kräftig	kräftig

geschlagen, die Wurzelreben wurden am 20. April ausgepflanzt, das Setzholz am 25. Mai eingelegt.

25	100	schwach	mittelmässig	ziemlich gut	gut
21	84	schwach	mittelmässig	ziemlich gut	gut
4	16	schwach	schwach	mittelmässig	mittelmässig
1	4	schwach	schwach	mittelmässig	mittelmässig
5	20	schwach	schwach	mittelmässig	mittelmässig
19	76	schwach	schwach	zieml. kräftig	zieml. kräftig
3	60	schwach	schwach	mittelmässig	mittelmässig
3	60	schwach	schwach	mittelmässig	mittelmässig
8	100	schwach	schwach	zieml. kräftig	zieml. kräftig

lung wie oben.

23	92	mittelmässig	mittelmässig	gut	gut
18	72	mittelmässig	mittelmässig	gut	gut
8	32	schwach	schwach	mittelmässig	mittelmässig
6	24	schwach	schwach	mittelmässig	mittelmässig
18	72	schwach	schwach	zieml. kräftig	zieml. kräftig
14	56	schwach	schwach	zieml. kräftig	zieml. kräftig
5	100	schwach	schwach	mittelmässig	zieml. kräftig
5	100	schwach	schwach	mittelmässig	zieml. kräftig
5	62½	schwach	schwach	zieml. kräftig	zieml. kräftig

lung wie oben.

Tabellarische Uebersicht.

Serie des Versuchs	No. des Versuchs	Datum der Desinfection	Name der zur Desinfection gelangten Rebsorte	Temperatur im Kasten nach Celsius			Dauer der Desinfection			Es sind an- von den Versuchs- objecten	
				beim Einbringen in den Kasten	b. Herausnehmen aus dem Kasten	Durchschnitt	von Beginn	bis zum Ende	gleich Minuten	Stückzahl	Prozentsatz
II	13	1892 14.4	a. Wurzelreben	23,00	20,50	21,75			120		
			25 Riparia . . .	,,	,,	,,	Nachmittag 4 Uhr 2 Minuten	Nachmittag 6 Uhr 2 Minuten	,,	23	92
			25 York Madeira.	,,	,,	,,			,,	19	76
			b. Setzholz	,,	,,	,,					
			25 Riparia . . .	,,	,,	,,			,,	14	56
			25 York Madeira.	,,	,,	,,			,,	10	40
			25 Klebroth . . .	,,	,,	,,			,,	7	25
			25 Riesling . . .	,,	,,	,,			,,	13	52
			5 Elbling, weiss.	,,	,,	,,			,,	4	80
			5 Sylvaner, ,,	,,	,,	,,			,,	2	40
			8 Frühburgunder	,,	,,	,,			,,	4	50

Die Wurzelreben wurden nach der Desinfection mit einer gleichen Anzahl von Controllobjecten ein-

II	14	16.4	a. Wurzelreben	22,00	20,50	21,25			90		
			25 Riparia . . .	,,	,,	,,	Vormittag 6 Uhr 42 Minuten	Vormittag 8 Uhr 12 Minuten	,,	24	90
			25 York Madeira.	,,	,,	,,			,,	23	92
			b. Setzholz	,,	,,	,,					
			25 Riparia . . .	,,	,,	,,			,,	14	56
			25 York Madeira.	,,	,,	,,			,,	4	16
			25 Klebroth . . .	,,	,,	,,			,,	13	52
			25 Riesling . . .	,,	,,	,,			,,	13	52
			5 Elbling, weiss.	,,	,,	,,			,,	4	80
			5 Sylvaner, ,,	,,	,,	,,			,,	2	40
			8 Frühburgunder	,,	,,	,,			,,	5	62½

Spätere Behand-

II	15	16.4	a. Wurzelreben	22,00	21,00	21,50			60		
			25 Riparia . . .	,,	,,	,,	Vormittag 9 Uhr 17 Minuten	Vormittag 10 Uhr 17 Minuten	,,	21	84
			25 York Madeira.	,,	,,	,,			,,	18	72
			b. Setzholz	,,	,,	,,			,,		
			25 Riparia . . .	,,	,,	,,			,,	8	32
			25 York Madeira.	,,	,,	,,			,,	6	24
			25 Klebroth . . .	,,	,,	,,			,,	17	68
			25 Riesling . . .	,,	,,	,,			,,	8	32
			5 Elbling, weiss.	,,	,,	,,			,,	4	80
			5 Sylvaner, ,,	,,	,,	,,			,,	4	80
			8 Frühburgunder	,,	,,	,,			,,	6	75

Spätere Behand-

Tabellarische Uebersicht.

gewachsen		Die Beschaffenheit der Rebe war			
von den Controllobjecten		im Monat Juli		im Monat August	
Stückzahl	Prozentsatz	bei den Versuchsobjecten	bei den Controllobjecten	bei den Versuchsobjecten	bei den Controllobjecten
23	92	mittelmässig	mittelmässig	gut	gut
17	68	mittelmässig	mittelmässig	gut	gut
16	64	schwach	schwach	mittelmässig	mittelmässig
10	40	schwach	schwach	mittelmässig	mittelmässig
12	48	schwach	schwach	mittelmässig	mittelmässig
16	64	schwach	schwach	zieml. kräftig	zieml. kräftig
4	80	schwach	schwach	mittelmässig	mittelmässig
.	.	schwach	.	mittelmässig	.
6	75	schwach	schwach	zieml. kräftig	zieml. kräftig

geschlagen, die Wurzelreben wurden am 20. April ausgepflanzt, das Setzholz am 25. Mai eingelegt.

25	100	mittelmässig	mittelmässig	gut	gut
17	68	mittelmässig	mittelmässig	gut	gut
7	28	schwach	schwach	mittelmässig	mittelmässig
6	24	schwach	schwach	mittelmässig	mittelmässig
4	16	schwach	schwach	zieml. kräftig	mittelmässig
14	56	schwach	schwach	zieml. kräftig	zieml. kräftig
4	80	schwach	schwach	zieml. kräftig	zieml. kräftig
3	60	schwach	schwach	mittelmässig	mittelmässig
6	75	schwach	schwach	zieml. kräftig	zieml. kräftig

lung wie oben.

24	96	schwach	mittelmässig	mittelmässig	gut
20	80	schwach	mittelmässig	mittelmässig	gut
5	20	schwach	schwach	mittelmässig	mittelmässig
5	20	schwach	schwach	mittelmässig	mittelmässig
5	20	schwach	schwach	zieml. kräftig	zieml. kräftig
12	48	schwach	schwach	zieml. kräftig	zieml. kräftig
4	80	schwach	schwach	zieml. kräftig	zieml. kräftig
4	80	schwach	schwach	zieml. kräftig	zieml. kräftig
7	87$^{1}/_{2}$	schwach	schwach	zieml. kräftig	zieml. kräftig

lung wie oben.

Tabellarische Uebersicht.

Serie des Versuchs	No. des Versuchs	Datum der Desinfection	Name der zur Desinfection gelangten Rebsorte	Temperatur im Kasten nach Celsius			Dauer der Desinfection			Es sind an von den Versuchsobjecten	
				beim Einbringen in den Kasten	b. Herausnehmen aus dem Kasten	Durchschnitt	von Beginn	bis zum Ende	gleich Minuten	Stückzahl	Prozentsatz
II	16	1892 16.4	a. Wurzelreben	21,50	18,50	20,00	Vormittag 10 Uhr 35 Minuten	Vormittag 11 Uhr 15 Minuten	40		
			25 Riparia . . .	,,	,,	,,			,,	24	96
			25 York Madeira .	,,	,,	,,			,,	21	84
			b. Setzholz	,,	,,	,,			,,		
			25 Riparia . . .	,,	,,	,,			,,	8	32
			25 York Madeira .	,,	,,	,,			,,	3	12
			25 Klebroth . . .	,,	,,	,,			,,	9	36
			25 Riesling . . .	,,	,,	,,			,,	13	52
			5 Elbling, weiss	,,	,,	,,			,,	5	100
			5 Sylvaner, ,,	,,	,,	,,			,,	4	80
			8 Frühburgunder	,,	,,	,,			,,	4	50

Die Wurzelreben wurden nach der Desinfection mit einer gleichen Anzahl von Controllobjecten ein-

III	17	14.5	a. Wurzelreben	26,00	22,50	24,25	Vormittag 10 Uhr 50 Minuten	Nachmittag 12 Uhr 50 Minuten	120		
			10 Riparia . . .	,,	,,	,,			,,	10	100
			b. Setzholz	,,	,,	,,			,,		
			25 Riparia . . .	,,	,,	,,			,,	3	12
			25 York Madeira .	,,	,,	,,			,,	2	8
			25 Klebroth . . .	,,	,,	,,			,,	1	4
			25 Riesling . . .	,,	,,	,,			,,	1	4
			5 Elbling, weiss	,,	,,	,,			,,	4	80
			5 Sylvaner, ,,	,,	,,	,,			,,	3	60
			8 Frühburgunder	,,	,,	,,			,,	6	75

Die Versuchsobjecte wurden mit einer gleichen Anzahl Controllobjecten

III	18	19.5	a. Wurzelreben	26,50	24,50	25,50	Nachmittag 2 Uhr 17 Minuten	Nachmittag 3 Uhr 47 Minuten	90		
			10 Riparia . . .	,,	,,	,,			,,	8	80
			b. Setzholz	,,	,,	,,			,,		
			25 Riparia . . .	,,	,,	,,			,,	.	.
			25 York Madeira .	,,	,,	,,			,,	6	24
			25 Klebroth . . .	,,	,,	,,			,,	3	12
			25 Riesling . . .	,,	,,	,,			,,	3	12
			5 Elbling, weiss	,,	,,	,,			,,	.	.
			5 Sylvaner, ,,	,,	,,	,,			,,	2	40
			8 Frühburgunder	,,	,,	,,			,,	1	12½

Spätere Behand-

Tabellarische Uebersicht. 43

gewachsen		Die Beschaffenheit der Rebe war			
von den Controll-objecten		im Monat Juli		im Monat August	
Stückzahl	Prozentsatz	bei den Versuchs-objecten	bei den Controll-objecten	bei den Versuchs-objecten	bei den Controll-objecten
25	100	schwach	mittelmässig	mittelmässig	gut
22	88	schwach	mittelmässig	mittelmässig	gut
4	16	schwach	schwach	mittelmässig	mittelmässig
2	8	schwach	schwach	mittelmässig	mittelmässig
1	4	schwach	schwach	zieml. kräftig	zieml. kräftig
15	60	schwach	schwach	zieml. kräftig	zieml. kräftig
2	40	schwach	schwach	zieml. kräftig	zieml. kräftig
3	60	schwach	schwach	mittelmässig	mittelmässig
2	25	schwach	schwach	zieml. kräftig	zieml. kräftig

geschlagen, die Wurzelreben wurden am 20. April ausgepflanzt, das Setzholz am 25. Mai eingelegt.

8	80	sehr schwach	mittelmässig	gut	gut
9	36	schwach	schwach	mittelmässig	mittelmässig
2	8	schwach	schwach	mittelmässig	mittelmässig
2	8	schwach	schwach	mittelmässig	mittelmässig
13	52	schwach	schwach	mittelmässig	mittelmässig
2	40	schwach	schwach	mittelmässig	mittelmässig
2	40	schwach	schwach	mittelmässig	mittelmässig
5	$62\frac{1}{2}$	schwach	schwach	zieml. kräftig	zieml. kräftig

eingeschlagen und am 21. April bezw. 23. Mai gepflanzt bezw. eingelegt.

10	100	sehr schwach	mittelmässig	gut	gut
9	36	.	schwach		mittelmässig
3	12	schwach	schwach	mittelmässig	mittelmässig
2	8	schwach	schwach	mittelmässig	mittelmässig
15	60	schwach	schwach	mittelmässig	zieml. kräftig
4	80	.	schwach	.	zieml. kräftig
3	60	schwach	schwach	mittelmässig	mittelmässig
4	50	schwach	schwach	mittelmässig	zieml. kräftig

lung wie bei No. 17.

Tabellarische Uebersicht.

Serie des Versuchs	No. des Versuchs	Datum der Desinfection	Name der zur Desinfection gelangten Rebsorte	Temperatur im Kasten nach Celsius			Dauer der Desinfection			Es sind an von den Versuchsobjecten	
				beim Einbringen in den Kasten	b. Herausnehmen aus dem Kasten	Durchschnitt	von Beginn	bis zum Ende	gleich Minuten	Stückzahl	Prozentsatz
III	19	1892 19.5	a. Wurzelreben 10 Riparia ... b. Setzholz 25 Riparia ... 25 York Madeira. 25 Klebroth ... 25 Riesling ... 5 Elbling, weiss 5 Sylvaner, „ 8 Frühburgunder	27,50 „ „ „ „ „ „ „ „	23,00 „ „ „ „ „ „ „ „	25,25 „ „ „ „ „ „ „ „	Nachmittag 4 Uhr 45 Minuten	Nachmittag 5 Uhr 45 Minuten	60 „ „ „ „ „ „ „ „	10 4 3 10 15 2 4 6	100 16 12 40 60 40 80 75

Die Versuchsobjecte wurden mit einer gleichen Anzahl von Controllobjecten

| III | 20 | 19.5 | a. Wurzelreben 10 Riparia ... b. Setzholz 25 Riparia ... 25 York Madeira. 25 Klebroth ... 25 Riesling ... 5 Elbling, weiss 5 Sylvaner, „ 8 Frühburgunder | 27,00 „ „ „ „ „ „ „ „ | 22,50 „ „ „ „ „ „ „ „ | 24,25 „ „ „ „ „ „ „ „ | Nachmittag 6 Uhr 35 Minuten | Nachmittag 7 Uhr 15 Minuten | 40 „ „ „ „ „ „ „ „ | 10 6 6 1 12 3 3 3 | 100 24 24 4 48 60 60 37½ |

Spätere Behand-

| III | 21 | 20.5 | a. Wurzelreben 25 Riparia ... b. Setzholz 25 Riparia ... 25 York Madeira. 25 Klebroth ... 25 Riesling ... 5 Elbling, weiss 5 Sylvaner, „ 8 Frühburgunder | 22,50 „ „ „ „ „ „ „ „ | 19,50 „ „ „ „ „ „ „ „ | 21,00 „ „ „ „ „ „ „ „ | Vormittag 7 Uhr 15 Minuten | Vormittag 9 Uhr 15 Minuten | 120 „ „ „ „ „ „ „ „ | 10 6 4 5 12 3 2 5 | 100 24 16 20 48 60 40 62½ |

Spätere Behand-

Tabellarische Uebersicht.

gewachsen		Die Beschaffenheit der Rebe war			
		im Monat Juli		im Monat August	
Stückzahl	Prozentsatz	bei den Versuchsobjecten	bei den Controllobjecten	bei den Versuchsobjecten	bei den Controllobjecten
8	80	schwach	mittelmässig	gut	gut
6	24	schwach	schwach	mittelmässig	mittelmässig
6	24	schwach	schwach	schwach	mittelmässig
12	48	schwach	schwach	mittelmässig	zieml. kräftig
14	56	schwach	schwach	schlecht	zieml. kräftig
4	80	schwach	schwach	mittelmässig	mittelmässig
4	80	schwach	schwach	mittelmässig	mittelmässig
5	$62\frac{1}{2}$	schwach	schwach	zieml. kräftig	zieml. kräftig

eingeschlagen und am 21. April bezw. 23. Mai gepflanzt bezw. eingelegt.

10	100	schwach	mittelmässig	gut	gut
4	16	schwach	schwach	schwach	mittelmässig
1	4	schwach	schwach	schwach	mittelmässig
4	16	schwach	schwach	schwach	mittelmässig
7	28	schwach	schwach	mittelmässig	mittelmässig
3	60	schwach	schwach	mittelmässig	mittelmässig
3	60	schwach	schwach	mittelmässig	mittelmässig
5	$62\frac{1}{2}$	schwach	schwach	mittelmässig	mittelmässig

lung wie oben.

10	100	schwach	mittelmässig	gut	gut
6	24	schwach	schwach	mittelmässig	mittelmässig
1	4	schwach	schwach	mittelmässig	mittelmässig
6	24	schwach	schwach	mittelmässig	mittelmässig
15	60	schwach	schwach	mittelmässig	mittelmässig
2	40	schwach	schwach	mittelmässig	mittelmässig
2	40	schwach	schwach	mittelmässig	mittelmässig
5	$62\frac{1}{2}$	schwach	schwach	mittelmässig	mittelmässig

lung wie oben.

Tabellarische Uebersicht.

Serie des Versuchs	No. des Versuchs	Datum der Desinfection	Name der zur Desinfection gelangten Rebsorte	Temperatur im Kasten nach Celsius			Dauer der Desinfection			Es sind an- von den Versuchsobjecten	
				beim Einbringen in den Kasten	b. Herausnehmen aus dem Kasten	Durchschnitt	von Beginn	bis zum Ende	gleich Minuten	Stückzahl	Prozentsatz
III	22	1892 20.5	a. Wurzelreben 10 Riparia ...	22,00 ,,	20,00 ,,	21,00 ,,	Vormittag 10 Uhr 40 Minuten	Nachmittag 12 Uhr 10 Minuten	90 ,,	10	100
			b. Setzholz 25 Riparia ...	,,	,,	,,			,,	3	12
			25 York Madeira.	,,	,,	,,			,,	1	4
			25 Klebroth ...	,,	,,	,,			,,	9	36
			25 Riesling ...	,,	,,	,,			,,	12	48
			5 Elbling, weiss	,,	,,	,,			,,	2	40
			5 Sylvaner, ,,	,,	,,	,,			,,	2	40
			8 Frühburgunder	,,	,,	,,			,,	2	25

Die Versuchsobjecte wurden mit einer gleichen Anzahl von Controllobjecten

III	23	20.5	a. Wurzelreben 10 Riparia ...	22,50 ,,	20,00 ,,	21,25 ,,	Nachmittag 2 Uhr 30 Minuten	Nachmittag 3 Uhr 30 Minuten	60 ,,	9	90
			b. Setzholz 25 Riparia ...	,,	,,	,,			,,	4	16
			25 York Madeira.	,,	,,	,,			,,	5	20
			25 Klebroth ...	,,	,,	,,			,,	12	48
			25 Riesling ...	,,	,,	,,			,,	14	56
			5 Elbling, weiss	,,	,,	,,			,,	3	60
			5 Sylvaner, ,,	,,	,,	,,			,,	2	40
			8 Frühburgunder	,,	,,	,,			,,	4	50

Spätere Behand-

III	24	20.5	a. Wurzelreben 10 Riparia ...	22,00 ,,	21,00 ,,	21,50 ,,	Nachmittag 5 Uhr 5 Minuten	Nachmittag 5 Uhr 45 Minuten	40 ,,	10	100
			b. Setzholz 25 Riparia ...	,,	,,	,,			,,	7	28
			25 York Madeira.	,,	,,	,,			,,	5	20
			25 Klebroth ...	,,	,,	,,			,,	20	80
			25 Riesling ...	,,	,,	,,			,,	10	40
			5 Elbling, weiss	,,	,,	,,			,,	4	80
			5 Sylvaner, ,,	,,	,,	,,			,,	2	40
			8 Frühburgunder	,,	,,	,,			,,	5	62½

Spätere Behand-

Tabellarische Uebersicht.

gewachsen		Die Beschaffenheit der Rebe war			
von den Controllobjecten		im Monat Juli		im Monat August	
Stückzahl	Prozentsatz	bei den Versuchsobjecten	bei den Controllobjecten	bei den Versuchsobjecten	bei den Controllobjecten
10	100	schwach	mittelmässig	gut	gut
4	16	schwach	schwach	mittelmässig	mittelmässig
2	8	schwach	schwach	mittelmässig	mittelmässig
8	32	schwach	schwach	mittelmässig	mittelmässig
10	40	schwach	schwach	mittelmässig	mittelmässig
1	20	schwach	schwach	mittelmässig	mittelmässig
.	.	schwach	.	mittelmässig	.
2	25	schwach	schwach	mittelmässig	mittelmässig

eingeschlagen und am 21. April bezw. 23. Mai gepflanzt bezw. eingelegt.

10	100	schwach	mittelmässig	gut	gut
6	24	schwach	schwach	mittelmässig	mittelmässig
8	32	schwach	schwach	mittelmässig	mittelmässig
13	52	schwach	schwach	zieml. kräftig	zieml. kräftig
13	52	schwach	schwach	zieml. kräftig	zieml. kräftig
3	60	schwach	schwach	zieml. kräftig	mittelmässig
1	20	schwach	schwach	mittelmässig	mittelmässig
3	37½	schwach	schwach	mittelmässig	mittelmässig

lung wie oben.

10	100	mittelmässig	mittelmässig	gut	gut
9	36	schwach	schwach	mittelmässig	mittelmässig
6	24	schwach	schwach	mittelmässig	mittelmässig
14	56	schwach	schwach	zieml. kräftig	zieml. kräftig
13	52	schwach	schwach	zieml. kräftig	zieml. kräftig
5	100	schwach	schwach	zieml. kräftig	zieml. kräftig
4	80	schwach	schwach	zieml. kräftig	mittelmässig
4	50	schwach	schwach	mittelmässig	zieml. kräftig

lung wie oben.

Verlag von Julius Springer in Berlin N.

GESETZ

betreffend

den Verkehr mit Wein, weinhaltigen und weinähnlichen Getränken

vom

20. April 1892.

Text-Ausgabe

nebst der amtlichen Begründung, den Ausführungs-Bestimmungen

und den

im Kaiserlichen Gesundheitsamte bearbeiteten Erläuterungen.

Preis 40 Pfennig.

Zu beziehen durch jede Buchhandlung.